지금,
성장통을 겪고 있는
엄마입니다만

아이와 따로 또 같이 살아가는 밀키맘의 육아 그림에세이

지금, 성장통을
겪고 있는 엄마입니다만

초판 1쇄 인쇄 2017년 7월 19일
초판 1쇄 발행 2017년 7월 26일

글·그림 김우영

기획편집 김소영
기획마케팅 최현준
책임편집 최보배
디자인 Aleph Design

펴낸곳 빌리버튼
출판등록 제 2016-000166호
주소 서울 마포구 양화로11길 46(메트로서교센터) 5층 501호
전화 02-338-9271 | **팩스** 02-338-9272
메일 billy-button@naver.com

ISBN 979-11-959909-8-6 03590
ⓒ 김우영, 2017, Printed in Korea

이 도서의 국립중앙도서관 출판예정도서목록(CIP)은 서지정보유통지원시스템 홈페이지(http://seoji.nl.go.kr)와
국가자료공동목록시스템(http://www.nl.go.kr/kolisnet)에서 이용하실 수 있습니다.(CIP제어번호:CIP2017016717)

글 · 그림 김우영

지금,
성장통을 겪고 있는
엄마입니다만

아이와 따로 또 같이 살아가는

밀키맘의 육아 그림에세이

빌리버튼 billy button

아이와 따로 또 같이
인생을 배워가는 날들

"독신주의였던 네가 어떻게 결혼하고 애까지 낳았니?"

오랜만에 만난 친구들이 묻습니다. '사람이 어떻게 변하니?'
라는 물음에 대한 내 대답은 이렇습니다. "사람이라서 변하더
라. 평생 나만 생각하며 살 줄 알았는데, 남도 챙길 줄 아는 사
람이 되더라고." 추측만 무성했던 육아의 세계로 막상 들어서
보니 기대 이상으로 즐겁고 힘들었습니다.

한국에서 여성, 임신부, 일하는 엄마, 아내, 며느리로 사는 것은 사실 힘이 쪽 빠지는 일입니다. 지치고 우울할 때는 유명하다는 육아서의 방법론 따위 눈에 들어오지 않았습니다. 나와 비슷한 처지의 엄마들의 이야기를 절실하게 찾았습니다. 질세라 쏟아져 나오는 넋두리와 한숨보단 긍정적이고 진지한 대안이 필요했습니다.

이 책에 등장하는 '밀키'는 두 살 된 딸아이를 보고 떠올린 것입니다. 새벽 어스름 속에서 분유를 타주면, 잠결에도 행복하게 분유를 먹는 아기가 신기했습니다. 앞으로도 죽을 때까지 이 아이의 엄마일 이번 생애. 책임이 막중하지만, 여태껏 느껴보지 못한 형형색색의 감정이 돋아났습니다. 그 느낌을 살려 수년간 남을 위해 디자인하던 손으로, 나와 내 가족의 이야기를 그리기 시작했습니다.

나에 대해 생각하는 것은 아마 세상에서 가장 힘든 일일 것입니다. 그러나 출산 후 모든 관심이 아이에게 쏠릴 때, 남겨

진 한 명의 인간, '엄마'의 마음은 나만이 살필 수 있는 것이었습니다. 육아를 계기로 나의 내면과 주변 가족들을 면밀히 관찰하게 되었습니다. 그런 일련의 과정들을 블로그에 연재했습니다.

그러자 삶의 방향성과 가치관이 조금씩 긍정적이고 명확하게 바뀌는 것을 경험했습니다. 또 다른 엄마, 아빠들이 제 이야기에 깊이 공명해준 덕분입니다. 서로 따뜻한 에너지와 위로를 주고받았던 것이 책으로까지 나올 수 있게 되었습니다.

앞으로도 아이와 제 자신의 관찰기인 '밀키베이비'를 공유하며 그 에너지를 이어나가고자 합니다. 더 나은 육아와 삶을 위한 한 개인의 시도, 그리고 시행착오를 곁에서 따뜻한 눈으로 지켜봐주셨으면 합니다.

서울에서 김우영

1부
새로운 날이
시작되다

엄마의 하루 : 아침 7시

2부
함께여서
고마워

엄마의 하루 : 오전 11시

엄마의 하루 : 아침 7시

1부 새로운 날이 시작되다

외로움이 없어진 게 아니라, 가만히 안고 사는 것뿐이라고.
그렇게 나는 강해졌고, 내 외로움과 묵묵히 동거하기로 했다.

"결혼하니까 좋아?"

신혼여행에서 돌아오니, 마주치는 사람들마다 내게 똑같은 질
문을 했다. 이 애매하고 복잡한 질문에 어떻게 대답해야 센스
있는 걸까? 미혼자들의 질문에는 '어떤 점이 좋아?'라는 궁금
증이, 기혼자들의 그것에는 '좋지만은 않을 걸? 두고 봐'라는
쓴웃음이 연기처럼 피어올랐다. 아무래도 좋다. 하지만 내 친

구들의 질문에는 허투루 대답할 수 없었다. 친구들은 20대 시절의 나를 잘 알고 있다. 꿈을 피웠다 접고를 반복하며 괴로워하고, 외로움에 방황하던 나를 말이다. 이들은 내게 '앞으로 고락을 함께할 짝을 찾아서 조금 덜 불안하고 외롭지 않니?' 하며 위로를 전제한 물음을 던져주었다.

나도 그럴 줄 알았다. 연애를 하면서 '내 옆 사람은 언제고 떠날 수 있어'라는 가정을 깔아두는 것만큼 인간을 피폐하게 만드는 것도 없다. 결혼은 그런 가정에 삭제 버튼을 눌러준다고 믿었고, 신혼은 달콤하고 정신없이 지나갔다. 조용한 일상으로 돌아가자 다시 불안하고 외로운 감정이 당당하게, 마치 자기 자리인 양 내 가슴속을 파고들었다. 당황스러웠다. 결혼은 새로운 타인과 함께하는 삶일 뿐, 인간은 본래 혼자라는 사실은 변함이 없었던 것이다.

"가족이 하나 더 생기면 외롭지 않을까? 쓸쓸한 느낌이 싫어서 아기를 많이 낳는 사람도 있다는데."

유독 외로움에 민감한 내 친구가 꼬물거리는 내 딸아이를 물끄러미 바라보며 말했다. 아기를 낳은 직후의 기간은 결혼 이후 그 어느 때보다 훨씬 다사다난하여 다른 감정을 느낄 새조차 없다.

먼지만 한 세균에도 목숨이 왔다 갔다 하는 작고 약한 생명을 정신 똑바로 차리고 지켜야 한다고 다짐하던 차였다. 출산의 고통도, 수유의 힘겨움도 이겨내고 있는 나였다. 육아가 조금 손에 익는다 싶을 때 돌연 외로움이 다시 찾아왔다. 출산전에 느꼈던 외로움은 어쩐지 어둡고 축축한, 도망쳐도 따라오는 공포스러운 것이었다. 육아를 하면서 느끼는 외로움 역시 이전과 크게 다르지 않다. 외로움은 그대로인데 나 자신이 변했다는 느낌이 들었다. 인간 본연의 고독을 없앨 수는 없지만 담담하게 받아들일 수 있다는 것을, 아이를 낳고 처음 알게 되었다.

아이를 막 낳았을 적 나는 내 안의 외로움을 꺼내 안고 있다는 느낌을 줄곧 받았다. 외로움이 없어진 게 아니라, 가만히 안고 사는 것뿐이라고. 그렇게 나는 강해졌고, 내 외로움과 묵묵히 동거하기로 했다.

무척 외로움을 타는 이 갓난아이와 함께 '따로 또 같이' 인생을 사는 법을 배우고 있는 중이다. 이 아이가 혼자 오롯이 커서 고독을 즐길 수 있는 사람이 되기를 바라면서.

나는 아마
외로움을 낳아서
안고 있는 걸지도…

모험의 시험을 통과하지 않고는

당신이 누구인지,

당신과 주변 사람들의 관계가 얼마나 견고한지 알 수 없다.

조앤 롤링(소설가)

임신 테스트기에 나타난 선명한 두 줄을 확인한 나는 뭔가 얼떨떨했다.

믿을 수 없어 다시 구매한 두 번째 임신 테스트기. 또다시 두 줄을 확인하자 이상하게 눈물이 나왔다.

아기를 갖는다는 게 얼마나 큰일인지 실감이 나지 않았다. 내 머릿속에는 내 꿈과 계획들, 내가 포기해야 하는 것들이 떠올랐다. 아마도 내가 계획한 것들 중 몇 가지는 포기해야 할 것이 분명했다. 내 인생의 한 시절이 막 끝난 것 같은 기분으로 나는 화장실에서 멍하니 앉아 있었다.

두근두근. 심장으로 추측되는 뭔가가 움직였다. 10센티미터의 인간 형체를 보며 이 아이가 갑자기 없어지면 내 삶은 어떨지 상상해봤다. 그 순간 모든 것이 분명해졌다. 이 아이가 내게 온 것만으로도 괜찮은 게 아닐까. 주어진 현실에 최선을 다하자는 결론을 냈다. 지금 와서 생각해보니 아기를 몸속에 품은 열 달은 자연이 내게 선사한 준비의 시간이 아니었나 싶다. 아기와 교감하며 엄마임을 자각하고, 앞으로 한 생명을 낳고 키우기 위해 각오와 마음의 준비를 다지는 시간. 열 달이라는 시간은 그러기에 충분했다.

육아가 내 꿈과 인생을 앗아갈 거란 생각은 나의 큰 착각이었다. 임신은 내 인생의 모험이자 선택이었다. 하고 싶은 것을 못하는 갈증이야말로 최고의 원동력이다. 나는 임신 때부터 꾹꾹 눌러담은 욕구를 그림으로, 영상으로 하나씩 끄집어냈다. 한 생명체를 책임진다는 것은 어떤 것과도 비교할 수 없을 정도로 어렵고 중한 일이다. 그렇다고 누군가 '넌 충분히 성숙한 어른이 됐으니 이제 아이를 길러도 돼!' 하고 허락해주는 것도 아니다. 육아는 어른과 아이와 함께 성장할 수 있는 하나의 기회다. 나는 육아를 시작하며 주변 사람들에게 더 감사하게 되었다. 더불어 작게는 일상의 소중함, 크게는 정치와 세계 정세, 환경문제까지도 관심을 갖게 되었다. 그뿐만 아니라 육아 일러스트를 연재하면서 더 열심히 아이와 여행 다니고, 배우며 살게 되었다.

이 아이가 내게 없었으면 어땠을까. 지금은 상상조차 하지 않는 질문이다. 밀키는 내게 다른 세상을 볼 수 있는 문을 열어주는 열쇠였다.

잘
노
는
아
이
가
되
기
를

"밀키야~ 노~올~자~."

요즘 밀키의 아침잠을 달아나게 하는 주문이다. 동네 놀이터
에 가면 아이들이 놀다 놔두고 간 돌멩이와 나뭇가지, 돌로 찧
다만 나뭇잎들이 보인다. '나도 이렇게 놀았었지, 정말 재미있
었지' 하며 밀키에게도 나뭇가지를 쥐어준다. 가르쳐주지 않
아도 본능적으로 아이들은 안다. 주변이 온통 신기한 놀잇감

인 아기들은 언제 어느 때고 탐색놀이를 시작한다.

밀키는 이제 역할놀이와 신체놀이용 장난감의 영역으로 들어섰다. 최소한의 장난감만 사주기로 다짐했지만 3년이 지나니 방 안에 장난감이 그득하다. 사실 자연의 것으로만 놀라고 하는 것은 요즘 아이나 엄마에게 현실적이지 않다. 그러나 아이는 눈에 보이지 않는 장난감은 기억조차 못하면서 계속 새로운 장난감을 원하게 되었다. 패스트푸드마냥 장난감을 빠르게 소비하는 아이를 볼 때마다 걱정이 됐다. 이 작은 소비자들의 욕구를 충족시키기 위해 어떤 어른들은 장난감을 가지고 놀며 소개하고, 또 다른 어른들은 환경을 파괴하면서 장난감을 제조한다. 어떻게 하면 이 굴레를 끊을 수 있을까.

단순 자극은 더 강한 자극을 필요로 한다. 아주 어렸을 때부터 조금만 칭얼대도 어디선가 새 장난감이 생기는 것에 익숙해진다. 그리고 기존의 것과는 다른 놀이 자극을 접하면 아이는 더 큰 자극에 목말라하고, 장난감이 바로바로 주어지지 않는 환경에 불만이 쌓인다. 또한 이미 모든 것이 구체적으로 표현되어 있는 장난감은 아이의 상상력을 한계 짓는다. 빵이랑 너무 똑같은 빵 장난감을, 아이라고 우유라고 표현할 수는 없기 때문이다. 단순한 공을 들고 와서 이건 빵이 되었다가 토끼가 되었다가 하는 편이 아이에겐 상상의 여지를 남겨준다.

밀키와 놀이를 탐구하며 나는 순수한 즐거움을 다시 찾고 싶다는 열망이 솟았다. 어른이 되면서 잘 노는 것이 뭔지 모르게 되었다. 자극에 길들여져 있는 어른들은 쉽사리 작은 것에 즐거움을 못 느끼게 되었는지도 모르겠다. 어른의 놀이 방식에 대해 처음 문제의식을 느끼게 된 것은 라스베이거스에 갔을 때다. '놀려고' 여행 왔는데 맛집을 찾다 지쳐버렸고, 호텔에 딸려 있는 놀이기구 열차를 타면서 공포의 비명을 질렀으며, 심지어 더 큰 재미를 찾기 위해 실제 제트기를 타고 무중력 체험까지 했다. 귀국하고 돌아보니 내가 했던 모든 '어른의 놀이'보다 친구와 짧은 영상을 찍고 스토리를 짜는 것, 영어가 안 통해 곤란한 지경에 이른 상황을 그림으로 그리는 것이 더

재미있었다. 그러나 나는 당시 자극적인 상황에 취해 내가 진짜 즐거워하는 것들을 보지 못했다.

지난 주말, 밀키는 마트에서 자기 몸보다 큰 장난감 박스를 안고 사달라며 칭얼대었다. 나는 10대 시절에 좋아했던 책, 미하엘 엔데가 쓴 《모모》를 떠올렸다. 모모는 시간 도둑들이 장난감 한 트럭을 준다고 해도 거절한다. 모모가 필요한 건 상상력과 친구들뿐이다. 놀이의 참 재미를 알던 모모의 친구, '어른'들도 시간 도둑들에게 시간을 뺏겨 일만 하게 되고 점점 불행해진다. 작가는 어린아이가 노는 모습을 보며 놀이와 삶에 대한 통찰을 얻은 것이 아닐까.

나는 아이와 엄마가 즐겁고 건강하게 놀 수 있는 방법을 차근차근 찾았다. 같은 그림에서 매번 다른 이야기를 추출해낼 수 있는 그림책은, 단순한 자극에 오염되어 있는 아이들에게 해독제와도 같은 역할을 한다. 또한 이미 정해진 놀이 방식으로만 놀 수 있는 장난감보다는 아이가 생각한 것을 만들 수 있는 블록, 찰흙, 모래가 더 좋다. 나는 아이의 그림책을 찾으며 더욱 그림책에 열광하게 되었고, 전 세계의 다양한 만들기와 색칠도구, 놀이방법을 매일 연구하듯 찾게 되었다. 아이 물품을 구입할 때면 자연을 생각하며 만든 것인지, 윤리적인 기업인지까지도 고려한다.

또한 아이가 '아이용'에만 관심을 가지지 않는다는 것은 부모들이 더 잘 안다. 그래서 나는 장난감을 한정 짓지 않고 '어른의 취미'에 동참시킨다. 아주 어렸을 때부터 밀키는 내가 그림을 그릴 때면 곁에서 수채 물감과 붓을 가지고 번짐을 경험하며 논다. 영상을 찍을 때면 옆에서 카메라와 조명을 만지작거리고, 엄마의 다양한 그림 잡지를 뒤적인다. 그러다보면 어른과 아이의 놀이 경계가 사라진다.

부모가 된 뒤 아이에게 놀이도 가르쳐줘야 한다는 생각이 늘 있었는데, 도리어 아이가 자라면서 부모가 배우는 게 더 많다. 아이의 무구한 시선은 내 창작의 영감이 되고, 아이는 엄마 아빠의 취미를 공유하며 장난감 외의 것을 탐색할 기회를 얻는다. 밀키도 '모모'처럼, 시간과 나이에 구애받지 않고 건강하고 재미있는 놀이의 여정을 찾아나서길 바라본다.

"반품은 안 받는다!"

결혼 직후 시어머님이 단호하게 말씀하셨다. 왠지 시원하신 얼굴이었다. 아들은 외계인이고, 남자는 철들 때가 죽을 때라 는데, 남자들만 득실거리는 집안에서 30여 년간 오죽 힘드셨 을까. 왠지 짐을 떠안는 기분이 들었지만 남편과 한집 살이 를 시작했다.

그런데 사용설명서가 없었다.

깨를 볶던 신혼 때는 잘 몰랐다. 아기를 낳고 극한의 상황에 치달았을 때에야 남자들의 이해할 수 없는 행동들이 보였다. 예를 들면 감자를 반만 깎아달라니까 껍질만 반 깎아놓은 것 같은 상황 말이다.

30년간 다른 인격체로 살아온 사람과 손발이 척척 맞기란 만무하다. 하지만 출산 후 몸과 마음이 멀쩡할 리 없는 아내가 눈코 뜰 새 없이 아이를 돌보는 와중에, 도와주기는커녕 소파에 늘어져 있으면 '대형 쓰레기'라고 써붙여서 내다 버리고 싶다. 아이를 돌보기 싫어서 일부러 늦게 퇴근하는 남자 동료들의 얘기를 웃어넘길 수 없었다.

활화산과 휴화산으로 변신하기를 어언 3년. 초반엔 밀키 아빠는 어쩔 줄 몰라 하다가 '그저 지켜보고, 시키는 것을 하고, 최대한 공감하는 척을 하는 것'으로 발전했다. 서로의 습성을 알아가고 조율해가며 부부는 살아간다. 모든 것을 말 안 해도 알아주고 공감해주는 '또 다른 나'를 기대하는 것부터가 잘 못이었다.

변함없이 새벽별을 보고 나가 밤하늘을 지고 돌아오는 밀키 아빠. 남자란 동물은 때로 여자보다 많이 여린, 때때로 듬직한 존재란 걸 이제야 알았다.

그래도 어째. 크게 한 번 한숨 쉬고 여자들이 데리고 살아야지.

없는 것보다
낫지!

오랜만에 싱글인 친구를 만나 신나게 수다를 떨었다. 이사를 앞둔 그녀는 걱정이 많았다. 가구가 적어 이삿짐센터를 부르기는 아깝고, 그렇다고 이사를 도와줄 남자사람 친구가 없는 상황, 예쁜 조명을 달고 싶어서 고생고생해서 전기공사도 혼자 하다보니 왠지 모르게 서러웠다고. 씩씩하게 원하는 조명을 설치했지만 가구를 옮기는 것은 생각보다 어려워서 '남편보다 친절하게 가구 설치를 도와준다'고 광고하는 곳을 찾아

봤다고 한다. 그녀는 결국 이사하는 김에 헌 가구를 모두 버리고 새 가구를 마련하는 방법을 택했다.

자신의 취향을 인테리어에 한껏 반영해도, 미드를 보며 늦잠을 자도 누가 뭐라고 할 사람 없는 자유로운 싱글 라이프. 10여 년간 혼자만의 삶을 조금씩 빚어나가는 것을 곁에서 지켜보며 '나도 싱글이었다면 지금쯤 어떻게 살고 있을까' 이런 저런 생각이 들었다.

조잘조잘 수다를 떨다가 문득 그녀가 툭 던지듯 이런 말을 꺼냈다.

> "싱글 라이프 좋지. 싱글은 다 좋은데 한 가지 문제가 있어. 식당에 혼자 밥 먹으러 갔는데 2인분만 파는 메뉴가 너무 먹고 싶을 때, 그때 좀 슬퍼. 지금은 포장해 와서 두 번, 세 번 나눠 먹어."

나와는 차원이 다른 고민이 신선했다. 때때로 육아가 제일 힘든 일인 것 같은데, 싱글도 나름의 삶의 무게를 이고 살고 있다는 사실을 새삼 알게 되었다. 나만의 시공간을 갖고 싶다는 생각도 하지만, 식구가 늘어나는 삶을 선택했으니 이 삶을 소중히 여기고 즐겁게 사는 방법을 연구하기로 했다. 삶의 형태는 각자 다를지라도, 어느 삶을 선택하든 빛과 어둠이 공존한다. 작지만 기분 좋은 내 하루하루를 만들어나가는 게 더 중요하겠지.

수많은 육아서에는 '매를 드는 것은 안 된다. 폭력을 배우기 때문이다', '말을 알아들을 때부터 말로 타일러야 한다'라고 쓰여 있다. 그러나 아기들이 말로 잘 설득이 되는 존재이던가.

세 살이 된 밀키는 부쩍 자기주장이 강해지고, 취향도 또렷해졌다. 손 씻기와 양치질 시간은 그야말로 전쟁이다. 어떤 비누를 쓸 것인가부터 컵, 칫솔, 치약까지 모조리 오늘의 기분에 따라 바뀐다. 어쩌면 이렇게 사소한 것이 중요한 걸까? 도무지 이해가 가지 않지만 밀키에게는 대성통곡을 할 만큼 중요한 문제다.

이런 고집불통 증상이 나타나면 그 녀석은 세 살이 맞다. 종종 이런 행동 패턴이 번거롭기도 하지만 나는 '그 정도 소원 못 들어줄까' 하는 심정으로 해준다. 입혀주는 대로 입고, 먹이는 대로 먹던 두 살 때가 가끔 그립다.

> 엄마는 아기에겐 '인간 냅킨', 뭐 그런 거다.
> 아이들은 물건과 동급인 엄마에게 얼굴을 문지르기 일쑤다.
>
> 티나 페이 (미국 코미디언)

밀키는 엄마가 화를 낼 때면 그 모습을 빤히 보며 표정을 분석한다. 화를 내다가도 웃음이 터질 것 같다. 세 살 아이는 감정이란 것도 습득하고 있는 모양이다. '화만 내는 엄마'라는 인식을 주지 않도록 되도록 소소한 것은 허용해주고, 아주 위험한 것은 피하도록 가르쳐주고 있다. 잘하고 있는 건지 매번 모르겠는 '초보 엄마'지만.

아기가 태어날 때 엄마보다 더 힘을 쓴다는 연구 결과가 있듯이, 자라나는 아기도 모든 일이 낯설고 어려울 거다. 삶을 배워가는 아기의 입장으로 자주 생각해볼 것을 마음속으로 다짐해본다.

밀키와 소꿉놀이를 하는 중이었다. 차려놓은 음식을 먹기 전에 사진을 찍는 밀키를 보고 웃음이 터졌다. 식당에서 맛있는 음식이 나오면 '인증샷'을 찍는 엄마의 습관을 따라한 것이다.

밀키가 노는 것을 가만히 지켜보면 그간 내가 했던 행동이 고스란히 아이에게 녹아 있다는 사실을 알게 된다. 부모로서 행동거지를 좀 더 조심해야 하지만 불쑥불쑥 잘못된 행동들이

튀어나오곤 한다. 쓰레기를 아무 데나 버리려다 '안 돼, 본보기를 보여야지' 하고 마음을 고쳐먹게 된다.

> 바람직한 부모 관계는 각자의 생태계를 가진 두 개의 호수 같아야 한다. 지하수로 연결되어 소통은 하지만 서로의 생태계는 존중하는 관계 말이다.
>
> **클로드 퐁티(프랑스의 그림책 작가), 《유럽의 그림책 작가들에게 묻다(은행나무)》 중에서**

아이는 부모를 보고 배우고, 부모는 자신이 투영된 자녀의 모습을 보면서 다시 배운다. 서로를 성장시켜 나가는 부모 자식 관계는 신기한 상호작용이다. 이 미묘한 화학작용을 목격할 때마다 나와 내 아이와의 올바른 관계란 어떤 형태여야 할지를 고민한다. 엄마인 내가 아이의 길 앞에 놓인 장애물들을 다 걷어내주는 것도, 내가 겪은 이 길이 정답이라고 말해주는 것도 내키지 않는다. 이 아이가 어렵고 힘든 일을 스스로 헤쳐나갈 수 있도록, 아주 어릴 때부터 더 많은 경험과 선택의 기회를 주는 것이 맞을 것이다.

먹기 전에
사진 찍자!

그냥 먹으면 안 돼?

너...
맴매할 거야.

내가 그랬나...

요즘 나의 지상과제는 엄마 이전에 한 인간으로서 내 삶을 잘 디자인해가는 모습을 보이는 것이다. '우리 엄마는 스스로 행복을 찾아나가는 사람이다'라고 여기면 아이도 자신의 삶을 좀 더 가치 있게 꾸려가지 않을까.

한 해의 끝으로 다가갈수록 시간의 무게가 더 무겁게 느껴진다. 올해 달력이 두 장 남았다는 사실이 가장 소름 돋는다. 작년에 봤던 할로윈 장식들을 다시 보게 되다니. 곧 크리스마스 캐롤도 거리에 울려퍼질 것이다.

올해도 열심히 달려왔지만 역시 아쉽다. 한 살 더 먹는다는 게, 주름이 늘어가고 건강을 걱정해야 한다는 게, 그리고 무엇보다 밀키가 커간다는 게.

시간에 쫓기듯 사는 어른과 달리, 아이의 시간은 느리게 흐른다. 오늘과 내일을 구분하지 않으며, 오늘이 어느 요일로 정의되어 있건, 즐거우면 그만이다. 이번 연말에는 태평하게 시간의 흐름을 타고 노는 아이의 삶을 닮고 싶다.

밀키에게는 조카바보인 이모가 있다. 이모용 육아법까지 나오는 세상이지만, 직접 키우지 않는 아이는 마냥 예쁜 존재일 뿐이다. 그 예쁜 존재는 어른들의 재미없는 대화를 참지 못해 끼어들고, 훼방을 놓기 일쑤다. 문제는 조카바보는 조카가 뭘 해도 귀엽다며 칭찬 일색이라는 것이다. 다시 이야기를 시작하려고 하면, 여지없이 아이와 어른이 동시에 말하거나, 서로 하고 싶은 말을 멈추지 않고 떠들게 되는 이상한 광경이 펼쳐진다. 전혀 집중할 수 없는 대화에서 나는 문제의식을 느꼈다. 그 문제는 조카바보에게 있는 게 아니라 엄마인 나에게 있었다. 엄마인 나 또한 아이가 어리다며 어른의 대화에 무작정 끼어들어도 제지하지 않았던 것이다.

나는 반복적으로 아이가 말을 자를 때면 매몰차진 않게, 그렇지만 단호하게 설명해준다. "네 얘기를 엄마가 끊으면 기분 나쁘지? 엄마도 그래. 그러니까 엄마랑 이모 대화가 끝나면 밀키가 말하자." 그리고 잠시 후에 말할 기회를 준다.

고작 세 살짜리 아이는 처음엔 '이 엄마는 내가 말하는 게 싫은 건가' 하는 의심스러운 눈초리로 있었으나 이내 수긍했다. 밀키 입장에선 알아들을 수 없는, 혹은 재미없는 이야기만 하는 어른들의 수다가 싫을 것도 같다. 하지만 결국 안아주고, 입에 먹을 것을 넣어주고, 재미있는 것만을 제공해줘야 아주 잠시나마 이야기를 이어갈 수 있는 상황은 모두의 시간을 망치는 길이다.

이제 밀키는 함께 어울리며 대화하는 방법을 조금씩 익혀나가고 있다. '어리지만 어리지 않다'는 아이들의 공식을, 다시 한번 느끼게 되는 순간이다.

밀키가 생애 처음으로 만든 어버이날 카드를 받고 입가에 미소가 스몄다. 색연필로 엉성하게 그린 카네이션. 나도 어릴 적에 이런 귀여운 마음을 부모님께 드렸을까?

아기를 낳고 나서야 부모님의 마음을 조금 헤아릴 수 있었다. 그전에 알았다면 더 좋았을 텐데. 부모의 마음이란 경험하지 않고는 느낄 수 없는 것 중 하나다. 출가시키고 나서도 밥은 잘 먹는지, 아픈 데는 없는지 걱정하시는 엄마 아빠. 때론 내 부모님만큼 희생과 사랑을 내 자식에게 베풀 수 있을지 의문스러울 때도 있다.

부모라는 이유 하나만으로 과분한 사랑을 주실 때마다,《나의 라임오렌지나무》소설 속 나무가 생각났다. 부모란 원래부터 무조건적인 사랑을 베푸는 존재일까?

아기가 태어나자마자 모성애, 부성애가 넘치는 부모는 흔치 않다. 나 또한 밀키를 출산한 직후 이 아이가 내가 낳은 게 맞나 싶을 정도로 모든 상황이 낯설었다. 시간을 두고 기르면서 사랑과 정이 무르익는 것일 테다. 그리고 그동안 넘치게 받아온 사랑을 조금씩 대물림해주는 것일 테다.

밀키에게 매 순간 좋은 엄마가 되어주고 싶지만, 순간의 욕망에 충실할 때가 종종 있다.

'어쩔 수 없었어, 엄마도 사람인지라' 이런 말로 무마하곤 하지만 찜찜한 마음이 남는 건 왜일까? 내가 놓치는 순간들이 아이의 마음속엔 쌓이고 있기 때문일지도 모른다. 아무것도 모르는 체하고 있지만, 아기들은 다 안다. 어린이집에 적응하느라 스트레스도 쌓이고 감기로 고생하며 겨우 잠든 밤. "엄마, 안아줘…" 하며 잠꼬대를 한다. 물끄러미 보다가 애정해 마지 않는 토실한 허벅지를 주물러보았다.

깜짝 놀랐다.
'언제 이렇게 길어졌지', '너는 금방 예쁘게 자라고, 나는 금방 늙겠구나' 그런 생각이 들었다

아기는 항상 엄마의 사랑에 목말라한다. 아이들이 알아서 큰 다는 말은 거짓이다. 아이가 사랑을 느낄 수 있게 더욱 더 사 랑을 줘야 한다.

싱글일 시절, '심즈'라는 게임을 즐겨할 때가 있었다. 게임의 내용인즉슨, 아바타를 만들어 밥을 먹이고, 용변을 보게 하고, 재우고, 돈도 벌어야 하니 취업시켜서 출퇴근 시키는 일의 반복이다. 그 옛날 '프린세스 메이커'의 지루한 프로세스를 3D로 경험하는 것이다. '인생을 시뮬레이션한다'는 모토를 갖고 있는데, 적나라할 만큼 삶을 반영하고 있어서 황당할 정도였다. 한동안 아바타를 출근시키고 나도 출근하고, 아바타도 용변을 볼 때 나도 용변을 보곤 했다. 심지어 아바타를 씻기지 않으면 냄새가 나거나, 용변을 지체하면 바지에다 실례를 하는 일 등 예상치 못한 시나리오도 펼쳐졌다. 종종 왜 이걸 하고 있는지 모르겠단 생각도 들었지만 일단 시작했으니 끝을 보자는 심정으로 붙잡고 늘어졌다.

아이를 키우는 일은 모의고사가 없는 현실이다. 아이를 키우기 전에, 한 번쯤 육아를 시뮬레이션해봤으면 좋겠다고 생각한 적도 있었다. 심즈로 리허설을 했다 치고 육아에 뛰어들어보니, 당연한 결과지만 게임보다 훨씬 다이내믹하고 재미있었다. 아이는 조금 자라면 스스로 볼일도 보고, 먹고 나서 치울 줄도 아니까 말이다. 생각해보면 얼마나 능동적인 존재인지.

3년쯤 산 인간은 별로 어리다는 느낌이 들지 않는다. 하나의 독립적인 개체이며, 가끔은 "엄마는 내 친구지?"라고 물어볼 정도로 자란다. 세 살짜리가 할 수 있는 일들은 생각보다 많다. 내가 없으면 안 될 것만 같았는데 어느덧 커서 스스로 해내는

양치하기

질질질..

옷 입기

씩

씩씩

숟가락 놓기

장난감 정리

단추 채우기 성공!

걸 보는 이 또한 신기하다. 아이가 스스로 할 수 있는 건 뭐든 해보게 해야겠다는 생각이 든다. 단추를 채우는 작은 일이라도 성공하고 나서 환희에 찬 아이의 얼굴을 보면 더더욱 그렇다. 매년 새로운 능력치를 쌓아가는 아기를 보니 네 살이 되면 어떨지…. 이 맛에 아이를 키우는구나 싶다.

엄마의 하루 : 오전 11시

2부 함께여서 고마워

함께 한 계절을 보내고 또 한 계절을 맞이한다.
'이 꼬마와 함께 있어서 정말 좋다'라고 무심히 느끼면서.

제약의 나날들

임신 중 마음속 이야기를 종종 끄적이던 일기장을 오랜만에 펼쳐보았다. 밀키가 뱃속에 있을 동안 느낀 여러 심정들이 고스란히 적혀 있었다. 첫 아이여서 그랬는지 스스로에게 제약을 많이 걸었더랬다. 혹여 아토피나 알레르기가 생길까 싶어 밀가루나 커피, 맵고 짠 음식은 피하고, 아기가 놀랄까봐 공연장이나 노래방 등 시끄러운 곳에도 가지 않았다. 화장하는 것도 신경이 쓰였지만 출근을 해야 하기에 가능한 한 최소로 하고 미용실과 네일숍도 발길을 끊었다. 일일이 열거하자면 한도 끝도 없는 제약의 나날들이었다. 임신 판정을 받고 하루아침에 달라지는 여성의 삶이라니. "이제 난 엄마구나!" 하면서 로봇처럼 제약 사항을 받아들일 수 있으면 좋겠지만, 인간이다 보니 너무나 길고 힘든 적응 과정이 필요했다. 그것도 오롯이 혼자만의 몫이었다.

이렇게 금욕적으로 산 것은 실로 오랜만이었다. 스무 살, 그러니까 내가 재수할 시절, 그렇게 좋아하던 노래방과 오락실을 끊고 삼각김밥과 컵라면을 벗삼아 수도승처럼 매일 공부만 했다. 1년간 공부한 양은 아마 고등학교 3년을 합한 것보다 더 많을 것이다. 사실 중고등학교 시절 누구도 내게 공부하라고 하지 않았는데도 스스로 공부에 매달렸다. 그러다 조금만 노력해도 성적이 잘 나오는 지경에 이르자, 나는 동기를 잃고 방황했다. 선생님들에게 인정받는 것은 더 이상 내 관심사가 아니었다. 나는 점점 공부에 흥미를 잃었고, 수능 점수는 그런 나를 그대로 반영했다. 나를 아끼던 고3 담임 선생님께선 재수

를 권하셨다. 나는 부모님께 학원비를 달라고 말하기가 죄송해서 학원비의 한 학기분을 아르바이트로 벌었다. 그리고 퀴퀴한 노량진 한복판에서, 어른이 된다는 것은 자신의 선택에 책임을 지는 일임을 처음 알았다.

재수 학원 선생님은, 공부가 힘들 때면 대학에 가서 하고 싶은 일을 죽 적어보라고 하셨다. 나는 대학생이 되어 하고 싶은 길고 긴 목록을 적었다. 임신을 했을 때도 'To do 리스트'를 만들었다. 우선 아이를 낳고 나면 시끌벅적한 액션 영화를 보고, 시끄러운 공연장에 가고, 스릴 넘치는 테마파크에도 가리라고 다짐했다. 대학 때와 마찬가지로 나의 'To do 리스트'를 이루기까지는 생각보다 오래 걸렸다. 그래도 가장 하고 싶었던 것, '엎드려서 자기'라는 소망은 가장 먼저 이뤘다. 만삭일 때부터 엎드려서 책을 읽고 잠도 자고 싶었다. 진짜 소박하고 어처구니없는 소원이지만, 임신부는 이런 기본적인 것도 못한다는 걸, 아무도 알아주지 않는다고 느끼며 못내 서글펐다. 20대 시절, '재수 때의 시간도 견뎠는데 이만한 거 못할까'라는 생각으로 크고 작은 어려움을 이겨냈다. 장거리 레이스 같은 임신 10개월도 그런 힘으로 버텼다. 임신을 했을 때의 사정은 그때보다 훨씬 낫다고 생각하면서.

출산 당일, 곧 터질 것 마냥 부풀었던 배가 거짓말같이 푹 꺼졌다. 아기가 나온 것이다. 쭈글쭈글하게 변한 뱃가죽을 보면서 몸매에 대한 걱정보다 앞선 것은 허전함이었다. 그토록 힘들고 지루하게 느껴졌던 임신 10개월을 그리워하는 나 자신에게 놀랐다. 다 터버린 뱃가죽으로 가끔씩 올라오는 작은 발의 모양, 좋은 음악을 들을 때나 맛있는 음식을 먹을 때 뱃속의 작은 생명체와 순간을 '함께하고 있다'는 느낌은 그 어떤 것과도 바꿀 수 없는 신기한 경험이었다. 아마 또 임신을 하지 않는 이상 그런 일은 다시없을 것이다. 여성이었기 때문에 느낄 수 있었던 신비한 생장의 과정은 귀중한 추억이었다. 긴 인생에 비하면 10개월은 짧다. 이 찰나의 기간에 작은 제약과 남들의 시선이 뭐 그리 중요할까. 난 아주 소중한 생명을 품고 있었고 그런 자신은 굉장히 중요한 사람인데 말이다.

같은 침대, 다른 사용 방법

침대 사용 패턴이 달라졌다. 신혼 시절 온전히 부부의 것이었던 침대가 요새 밀키의 트램펄린으로 바뀌었다. 소유욕이 아무리 강한 사람이라도 자녀와 물건을 가지고 다투는 부모는 많지 않을 것이다. "그래, 이제 네 것 하렴" 하고 하나씩 물려주면서 집착도 놓아간다.

아이가 생기고 나면, 집안의 '갑'이 바뀐다. 우리 집 시간을 통

제하는 자, 밀키. 그런데 부모라면 자식에게 간과 쓸개, 시간과 온 집 안을 다 내주는 게 맞는가? 나와 남편은 이 문제를 심각하게 고민했다. 신생아는 일정 기간 동안 엄마와 취식을 함께 해야 한다. 아기의 생존과 직결된 문제이기 때문에 그 기간 동안 남편은 우선순위에서 밀려난다. 간단한 대화조차 불가능한 육아 초반의 부부는 행복할 수 없다. 부부의 공간을 지켜야 하는 것도 같은 이유다. 고민을 이야기하고 생각을 공유하면서 우리 부부는 해결점을 찾았다. 아직은 세 식구가 한 침대에서 자지만, 부부와 자녀 각자의 공간은 존중되어야 한다는 기본 원칙을 세웠다. 시간을 두고 천천히 밀키를 아이 방에 적응을 시키기로 했다. 우리 부부는 부부만의 공간, 그리고 대화 시간을 복원하고자 노력 중이다.

어릴 적 엄마 아빠와 자는 것도 어찌 보면 짧은 기간이다. 자연스럽게 물 흐르듯 각자의 위치를 찾아갈 것이다.

바람 빠진 풍선처럼 축 늘어진 뱃가죽, 수유 후 자취를 감춘 가슴, 숭덩숭덩 빠지는 머리카락, 여기저기 난 붉은 튼 살…. 출산이 남긴 상흔이다.

출산 직후 '이게 내 몸인가' 싶어 경악을 금치 못했다. 튼살 크림을 열심히 발랐지만 급격하게 늘어난 뱃가죽을 이겨내지 못했다. 이제 수영복은 못 입겠구나 싶어 우울했다. 3년이 지나

튼살은 희미해졌지만 완전히 없어지지 않았고, 오랜 친구인 살들은 여기저기 숨어 있다. 삐거덕거리는 몸이 되었지만 밀키를 낳은 것을 후회하지 않는다. 그저 오랜만에 수영복을 입어보니 '엄마 몸매'가 된 내 모습이 좀 슬퍼서 그런다.

10개월간 살이 찐 것처럼, 천천히 빼면 될 텐데 마음은 왜 이리 급하던지. 현실은 급한 마음과는 정반대다. 후들거리는 팔다리로는 '다이어트 운동'은커녕 작디작은 아기도 들기가 버겁다.

긴 시간을 들여 나 스스로를 추스르고, 아기와 가족을 챙기면서 신체적, 정신적으로 한계를 뛰어넘는 느낌을 받았다. 영혼까지 털려버린 빈 공간은 '새로 생긴 가족'이 빼곡히 채워준다.

밀키는 내 자신이 싫어질 때조차 엄마인 나를 사랑해주었다. 엄마가 어떤 모습이든, 무조건 좋아하고 따르는 아기 덕분에 힘을 얻곤 한다.

밀키는 자존감이 떨어진 내게 용기를 주었다. 이제 몸의 변화 따위에 우울해하지 않기로 했다. 없는 시간을 쪼개 건강한 몸을 만들기로 했다. 모유 수유를 하니 살도 함께 빠지고, 복직 후 점심시간을 이용해 요가와 발레를 하며 몸을 움직이는 것을 게을리 하지 않았더니 얼추 출산 전의 몸매로 돌아갔다. 물론 출산 전과 똑같지도, 그만큼의 탄력을 바라지도 않는다. 건강하게 유지하면, 그것으로 족하다.

엄마가 최고!

밀키가 먼지가 자욱이 쌓인 선반에서 내 어릴 적 연필깎이를 발견했다. 이리저리 만져보고, 내게 물어가며 이 도구를 탐구한다. 밀키가 어른이 되었을 때는 아마 연필깎이는커녕 연필이 멸종될 것 같은데. 먼 훗날 빈티지 가게에서 이와 비슷한 걸 발견하고, 아이가 오늘 이 시간을, 엄마와의 추억을 상기하면 좋겠다고 혼자 바라본다.

집 밖으로 나가면 본격적인 '탐구생활'이 펼쳐진다. 자세히 본 지 20년은 훌쩍 지난 것 같은 벌레들, 지렁이와 쥐며느리를 건드려보고 함께 낄낄거린다. 길가에 난 풀의 이름을 아이가 물어대는 통에 잡초에 관한 책도 들춰 봤다. 혹시나 만지면 안 되는 풀이 있는지, 혹은 맛을 봐도 되는 열매는 있는지 아이에게 알려주고 싶은 마음이 들어서다. 지난한 20대 시절 난 길가에 눈길 한 번 준 적 없었던 것 같다. 아이 덕분에, 30대에 이르러서야 건조한 감성에 단비가 내린 것 같은 느낌이 들었다.

태어난 것은 아기인데 엄마인 나도 다시 태어난 것 같다.

더운 날에는 시원한 수박을 먹으며 여름을 느끼고, 추운 날엔 귤을 구워 먹으며 함께 겨울을 느낀다. 향기, 색깔, 그리고 달콤한 맛까지 오감으로 짜릿하게 계절을 느끼는 기분은 정말 오랜만이다. 그렇게 함께 한 계절을 보내고 또 한 계절을 맞이한다. '이 꼬마와 함께 있어서 정말 좋다'라고 무심히 느끼면서.

요리를 부탁해

여자, 기혼, 그리고 엄마.

세 가지 타이틀을 달고 있으면 왠지 요리를 잘할 것만 같은 느낌이 물씬 든다. 생각해보면 이는 편견이다. 모든 여자들이 엄마라고 요리를 다 잘할 수 없지 않는가. 그렇다. 고백하건대 내 요리 실력은 꽝이다.

내 책장에는 좋은 요리책이 여러 권 꽂혀 있다. 그러나 자취

라면 끓이기
검색중

보리차···
널 어쩌면 좋니.

...

#계란 찌기
#성공적

맛있어?

응!!

의 경험도, 요리를 할 기회도 많지 않아 아주 간단한 것도 요리 어플이나 포털사이트의 힘을 빌리는 상황의 반복이다. 이를테면 달걀 삶기 같은 것. 달걀을 몇 분 삶아야 하는지를 최근에 터득했다.

아기에게 보리차 끓여주려고 보니, 주전자부터 보리까지 아는 게 하나도 없는 나 자신이 황당할 지경이었다. 이렇게 간단한 건 포털사이트에도 나오지 않아, 결국 친정엄마에게 물어가며 보리차를 끓였다.

밀키가 커가는 동안 다양한 식재료와 요리법으로 미각을 일깨워주고, 소풍 때면 정성 가득한 귀여운 도시락을 싸주고 싶지만, 한낱 꿈일 뿐이다. 그래도 '아침식사는 거르지 말자' 주의여서 밀키에게 아침을 차려주곤 하는데, 엄마의 괴식(?)을 잘 먹어주는 밀키가, 심지어 맛있다고 해줄 때마다 고마울 뿐이다.

밀키는 정말 맛있는 걸까, 아니면 '맛있다'는 말을 연습하는 걸까?

노상방가

아이를 낳기 전에는 거리에서 크게 노래 부르는 사람을 보면
슬금슬금 피했다. 그런 내가 요즘은 거리에서 노래를 부르고
다닌다. 고성방가까진 아니지만 신명나게 동요를 부르는 아줌
마가 있다면 바로 나다. 〈곰 세 마리〉부터 〈삐약삐약 병아리〉
까지 완창을 하는 내 모습. 이전엔 부끄러워서 절대 할 수 없
었던 짓을 지금은 정말 아무렇지도 않게 한다. 다행히 지나가
는 사람들이 나와 함께 있는 아기를 발견하고 이상하게 쳐다

보지 않아서 감사하다. 그뿐만 아니라 아침저녁으로 길거리에서 동요를 부르고 한 손에는 아기 가방을 들어주는 동지들을 왕왕 볼 수 있어 반갑다.

최근 들어 밀키가 동요를 많이 외워서 나의 동요 레퍼토리가 부족한 느낌이다. 가사를 까먹기도 일쑤여서 인터넷의 힘을 빌려 동요를 새로 공부하는 중이다. 할머니, 할아버지부터 대물림되는 동요는 아이에게도 중요한 자산이다. 나중에 밀키도 아이를 낳아 노래를 가르쳐줄 날이 금방 올 것만 같다.

아이를 낳고 첫 설을 맞이했다.

며느리인 나는 음식을 만들고 차리느라 분주하게 일을 해야
했고, 밀키는 혼자 놀고 있었다. 음식을 하던 중 캔 뚜껑을 열
다 그만 손을 다치고 말았다. '악' 하는 소리에 깜짝 놀란 식구
들과 밀키가 달려왔다. 온갖 걱정과 핀잔을 듣고 있는데, 밀키
가 와락 안기면서 큰소리로 "엄마 아파?" 하고 물었다.

흐잇!

명절 날,
전을 부치려고 →
참치캔을 따다가

깍!

칠칠치
못하기는···!

에이그···

조심하지
그랬어!!

다친건 난데
이상하게
죄송합니다···

순간 뭉클했다. 어쩌면 특별하지 않을 수도 있는 상황이지만 내게는 영원히 기억 속에 남기고 싶은 순간이었다. 이 아이가 내게 있다는 사실을, 이런 순간에 감사하게 될 줄이야.

딸바보는 이렇게 되는 건가 보다. 어린 아이의 순수하고 착한 마음이 그대로 녹아 있는, 투명한 언어를 엿볼 때마다 놀라울 뿐이다.

밀키와 함께 본 첫눈

밀키와 보내는 두 번째 겨울이 천천히 지나가고 있다.

아기의 첫 번째 겨울은 '뒤집기'를 하느라 바빠서 계절이 지나가는 것조차 몰랐을 거다. 두 번째 겨울이 되어서야 첫눈이 뭔지, 겨울이 뭔지를 아이는 김이 서린 창문을 보며 깨닫는다.

나 역시 출산 후 2년이 지나서야 '겨울 냄새'를 다시금 느끼고 있다. 그래서 아기와 함께 보는 올해 첫눈이 새삼 감격스럽다.

일상의 소소한 것을 같이 발견해나가는 즐거움을 알게 되었기 때문이다. 내년에는, 또 그 다음 해에는 어떤 얼굴의 겨울을 마주할지 벌써부터 기대가 된다.

밀키가 아직 신생아일 시절. 육아에 지치고, 일 년에 몇 번씩 해외여행을 가던 신혼 시절의 관성이 남아 아기를 맡기고 부부끼리만 여행을 갔다. 주변 선배맘들이 "어떻게 그렇게 가? 나라면 아기가 생각나서 절대절대 못 갈 거 같아!"라는 말에 '왜 부부끼리만 못 가지?' 하고 의아해했다.

그때 그 말이 이제야 이해가 가기 시작했다. '정'이 단단히 들어버리는 시기가 있는 거였다. 아기는 태어나면서부터 항상 부모가 필요하지만, 이미 수십 년 쌓인 습관과 패턴이 있는 부모의 입장에서는, 새로운 멤버와의 애착관계가 끈끈하게 형성되기까지 좀 더 긴 시간이 필요한 것이다.

모성애는 자기애의 곁가지 같은 느낌이다. 이성과의 사랑과는 다른 종류의 가족애를 느끼고 있는 요즘, 출퇴근 시간에도, 출장 때도 머릿속은 온통 밀키뿐이다. 이제 나도 아기를 맡기고 여행가고 싶은 생각이 들지 않는다.

이렇게 엄마가 되는 거로구나.

아직 시간 개념이 없는 세 살 밀키. 엄마가 해외로 출장을 간 동안 밀키는 엄마가 말해준 대로 '엄마는 초콜릿을 사러 잠깐 나간 것'이라 믿고 있었다. 출장 후에도 바로 출근해야 하는 일이 부지기수다. 겉보기엔 밀키가 씩씩하게 잘 지내는 듯했지만, 아기의 마음에 차츰 구멍이 생기고 있음을 감지했다. 아무리 시간에 대해 모르는 아기라도 엄마가 없는 하루하루가 얼마나 헛헛했을지.

출근할 때면 엄마와 눈도 마주쳐주지 않고, 아침밥만 바라보면서 슬픔을 꾹꾹 누르고 있는 아이를 보니 가슴이 미어질 것 같았다. 네 명 중 한 명꼴로 워킹맘들이 일주일에 한 번씩 운다는 기사가 떠올랐다. '뭐 때문에 이렇게 사나…' 싶었다.

기분이 끝없이 추락할 때면, 엉뚱한 해법일지 모르지만 아이스크림을 사먹는다. 이런 걸로 해결되지 않는다는 것쯤 안다. 그러나 못난 마음을 안고 집에 들어가기는 더더욱 싫었다. 단숨에 사라지는 아이스크림처럼 고민도 사라져버렸으면. 더 자주 안아줘서 내 아이 마음에 난 구멍을 꼭꼭 메워줘야지. 설탕의 힘을 빌어, 그렇게 생각하곤 한다.

Aiyo! 엄마 꼭 안아줘

"우리 애, 말 좀 그만했으면 좋겠어."

직장 동료가 한숨을 섞어 이야기했다. 고작 세 살짜리인 그녀의 딸은 아침에 눈을 뜨고 나서부터 저녁에 눈을 감을 때까지 입을 쉬지 않는다고. 당시 두 살이었던 밀키는 모든 것을 "아~"로 표현할 때라, 나는 어서 밀키가 말 좀 해줬으면 했다. 특히 뱃속에 있었을 때 어떤 느낌이었는지 직접 듣고 싶었다.

그러던 어느 날, 뜻하지 않는 순간에 밀키가 내 마음을 흔들어놓았다. 밀키가 나를 바라보며 완성한 첫 문장은 바로, "엄마, 꼭 안아줘!"
우리 아기, 벌써 이만큼 컸구나!

세 살이 된 밀키는 쉬지 않고 이야기한다. 그간 표정과 손짓으로 의사를 전달하는 게 얼마나 답답했을까. 조금씩 단어를 외우고 어른의 문장을 따라한다. 흡수하는 속도가 스펀지 같아 무서울 정도다. 아기의 언어 습득의 신비로움이란 눈으로 보고도 믿기지 않는다.

물론, 밀키 아빠와 밀키가 동시에 끊임없이 말을 걸 때면 영혼이 광속으로 탈출할 것 같다.

엄마의 하루 : 오후 3시

3부 뜻밖의 고민들

엄마가 알려주는 길 말고 또 다른 길도 있다는 것,
스스로 만들어나갈 수도, 그 와중에 실패도 있다는 것을 알아야 한다.

달콤한 신혼에 마침표를 찍게 되는 순간은 바로 출산이다. 출산이라는 거대한 산을 넘으면서, 여자는 본격적인 육아 모드로 접어든다. 남자들은 좀 다르다. 아내가 출산과 수유 전쟁을 치르는 동안 옆에서 도움만 줄 수 있던 남편들은 신혼에서 육아 모드로의 전환이 대체로 늦다.

나 역시 이 문제로 많이도 투닥거렸다. 늦잠을 자도 되고, 자유롭게 활동해도 되는 신혼 때와는 달리 엄마란 사람은 24시간 대기조고, 이를 대체할 수 있는 방법도 많지 않으니까 말이다. 유축기로 우유를 만들어놓으면 아빠가 먹이는 정도랄까.

밀키가 돌이 될 무렵까지도 남편은 홀로 신혼을 그리워했다. 생활 패턴을 크게 바꿀 필요도 없었다. 주말이면, 습관대로 늦잠을 자는 밀키 아빠를 보고 나는 답답했다. '주말에 남편 일어나게 하는 방법'을 포털사이트 검색창에 쳐본 적도 여러 번이다. 그러다 이런 생각까지 하게 되었다. 저 게으름을 고칠 수 있는 약이 있었으면 좋겠다.

현재까지 고안한 바에 의하면, 잔소리와 회유, 협박이 적당히 섞인 약이 딱이다. 이 약을 자꾸 처방해줬더니 밀키 아빠는 매년 점점 좋아지는 느낌이다. 아이가 세 살쯤 되니, 이제 잔소리할 필요가 없어졌다. 열심히 놀아주는 아빠가 아니면 외면하는 밀키 덕에, 아빠는 사랑받기 위해 알아서 힘을 낸다. 남자들, 참 단순하다.

각자의 사정

'육아 얘기는 조금만 해야지!'

미혼 친구들을 만나러 갈 때면 하는 다짐이다.

내 주위엔 결혼한 친구가 반, 결혼을 안 한 친구가 반이다. 싱글인 친구들을 만날 때는 조금 조심스럽다. 생활 패턴이 다르면, 관심사도 다른 법. 이 친구들은 '현재 진행 중인 연애'

와 '못된 상사' 이야기를 주로 하는 반면, 기혼인 내 머릿속은 '아기와 남편', '시댁과 친정' 같은 키워드가 대부분을 차지하고 있다. 이 갭은 해가 갈수록 점점 커진다.

친구들의 "애기 잘 커?", "육아하는 건 어때?"라는 물음에 자세히 대답하면 어느새 상대방의 눈의 초점은 풀려 있다. 이런 질문은 안부 인사인 경우가 대부분이다.

"이렇게 나이만 먹는 걸까?" 하고 부쩍 초조해하는 친구의 일같에, 예전처럼 "나도!"라고 맞받아칠 수 없어 당황한 적도 있다. 그렇다고 미혼은 미혼끼리, 기혼은 기혼끼리만 뭉쳐야 하는 걸까.

애인의 유무와 결혼의 여부, 자녀가 있고 없고에 따라 다들 입장이 다르다. '서로 다름'에서 오는 경험을 나누는 것이 즐겁다는 걸 최근 들어 느꼈다. 특히 나는 싱글들의 드라마틱한 연애 얘기가 재미있다. 멋대로 조언하거나, 단언하지도 않는다. 그저 막 연애나 결혼생활을 시작한 이들의 풋풋한 모습이 보기 좋다.

선배 엄마들을 만나 육아와 삶의 노하우를 듣는 것도 놓칠 수 없는 즐거움이다. 최근에 몸담았던 '구글 맘 캠퍼스'에서 만난 엄마들은 육아뿐 아니라 자신의 커리어를 개척하는 데 무척 적극적인 분들이었다. 아이를 둘, 셋 낳고도 생기가 넘치는 엄마들을 존경한다. 시시각각 색채를 달리하는 주변 사람들의 인생에는 항상 배울 점이 있다.

밀키의 뒷모습

1년 전 밀키는 아기 냄새를 솔솔 풍기는 진짜 아기였다. 제법 대화가 가능해진 밀키를 보며 언제 이렇게 혼자 쑥쑥 컸는지 놀랄 때가 많다. 초보 엄마 밑에서 고생 많이 했구나!

처음으로 어린이집 가방을 메고 걸어가는 아이의 뒷모습을 보고 짠한 기분이 들었다. 2~3년간 아기와 고군분투하던 엄마들이라면 다 같은 마음일 거다. 벌써 내 아기가 이렇게 크다니.

그리고 이렇게 빨리 내 품을 떠나다니….

어린이집 합격 발표를 기다리는 마음은 마치 수능 점수 발표를 기다리는 고3의 심정과 비슷했다. 합격 통지를 받은 기쁨도 잠시, 입학식 날 허둥지둥 아기와 함께 어린이집에 당도해서야 겨우 안도의 한숨을 내쉬었다. 이제 본격적인 시작인 것이다.

아이들만큼이나 엄마들의 마음도 싱숭생숭하다. 한자리에 모인 아이들을 보며, 내 아기가 또래보다 발달이 늦은 게 아닌지 불안하고 걱정이 든다. 개월 수가 다른 아기들이 모이니 발육도 제각각인 것 당연지사다. 아기들은 어느새 걷고, 어느새 말하고 그렇게 금세 자란다.

걱정은 잠시 접어두기로 했다. 낯선 어린이집에서 적응할 아기들에게는 엄마 미소 한 스푼이 더 필요하다. 이 소중한 어린 날의 시간도 금방 지나가버릴 테니까.

결혼을 하고 아기를 낳아도 어른들의 걱정과 잔소리는 끊이질 않는다.

내가 올해 가장 많이 들은 명절 잔소리 1위는 "둘째 언제 낳니?"였다. 만나는 친척마다 "밀키가 몇 살이지? 둘째를 낳을 때가 됐네"부터 "하나 더 낳아. 혼자는 외로워"까지. 사실 이런 잔소리는 일 년에 겨우 한 번 만날까 말까 하는 먼 친척들의 인사말이라고 치부하고 넘기곤 했는데, 핀란드 여행에서 만난 한국인 노부부의 한마디는 충격이었다. 밀키와 날 보더니 대 뜸 이런 잔소리를 던지셨다.

"애가 첫째야? 둘째 낳아야지?"
'저기, 저 아세요?'

생각해보면 '임신과 출산'에 대한 잔소리는 엄청나다. 갓 결 혼한 부부에게 "아기는 언제 가질 거니?"부터 남자 아기를 키 우는 엄마에게는 "딸 하나 낳아야지" 등 다양한 잔소리들이 산재한다.

밀키를 낳고 산후조리원에서 만난 동기들의 평균 연령은 35 세다. 결혼을 늦게 한 사람, 난임이었던 사람, 유산을 경험했던 사람 등 모두 다 각자의 사정이 있다. 주변에 인공수정을 힘 들게 시도하는 사람도 적잖이 있다. 아기를 갖는 건 누구에게 나 쉬운 일이 아니다.

악의가 없을지라도 생각 없이 던지는 말이 누군가에겐 상처가 될 수도 있다. 늘어가는 아이의 몸무게만큼이나, 말의 무게가 무겁게 여겨진다.

(32세, 기혼, 몇 달 전 결혼)　　(35세, 기혼, 몇 년 째 인공수정 중)　　(29세, 싱글)

내 장바구니는 매주, 매달 생필품과 육아용품으로 꽉꽉 채워져 있다. 밀키를 임신하고부터 쇼핑 욕구를 육아용품으로 풀고 있다. 내 것으로 가득했던 장바구니가 '우리 것'으로 채워지면 묘한 만족감이 든다. '이건 내가 아니라 가족을 위한 거니까' 하며 쓸데없는 것까지 사들이곤 했다.

그러다가 가끔 나만의 물품, 특히 옷을 사려고 하면 전에 없던

엄마의 장바구니 목록

아빠의 장바구니 목록

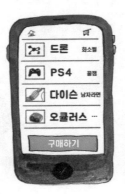

죄책감이 슬며시 고개를 든다. 옷 고르는 게 세상에서 제일 재미있었는데, 나를 위한 것은 어째서 망설여지는 건지.

밀키 아빠는 나와는 다르게, 본인이 갖고 싶은 물건에 '아기를 위해서'라는 이유를 갖다 붙이는 탁월한 재능을 가지고 있다. 하지만 사놓고 나면 '안 쓰는 물건 1, 2위'를 다투는 것들이 된다. 밀키 부모는 둘인데, 어째서 장바구니는 이렇게 다른 걸까?

폭력은 교육상 좋지 않습니다만

"선거는 4년간 아이들의 모습을 결정한다."

미국 민주당 전당 대회에서 미셸 오바마의 힐러리 클린턴 지지 연설 중 가장 인상 깊었던 구절이다. 미셸 오바마는 전前 영부인이기에 앞서 두 딸을 키우는 엄마로서 느끼는 바를 풀어 냈다. "선거는 다음 4년, 혹은 8년간 나의 아이들의 모습을 형성하는 데 커다란 영향력을 가진다"라고 강조했다. 소위 헬조

선이라는 곳에서 아이를 키우는 내게 이 말은 가슴을 찌르는 듯 다가왔다.

오바마 전 대통령은 미국 예능 프로그램에도 종종 나온다. 미국 아이들은 오바마 부부를 보며 8년간 어린 시절을 보냈다. 미셸 오바마는 8년간 영부인으로 활동하면서 자신들의 영향력이 전 미국 대륙에 속속들이 닿는다는 것을 아주 잘 알고 있다.

한국도 마찬가지다. 아이를 가진 부모들이 앞장서서 사회문제와 정책에 관심을 갖고 적극적으로 행동한다. 아이들의 미래가 걸린 일이기 때문이다. 어느새 나도 선거철이면 나보다 우리 아이들을 이롭게 하는 사람이 누굴까를 찾는다. 미셸 오바마의 말마따나, '내 딸들이 세상에 나갈 때, 매일 사랑과 희망, 그리고 불가능할 것처럼 보이는 큰 꿈을 가질 수 있게 해주는' 리더를 원한다.

THIS ELECTION AND EVERY ELECTION,
IS ABOUT WHO WILL HAVE THE POWER TO SHARE OUR CHILDREN
FOR THE NEXT 4 OR 8 YEARS OF THEIR LIVES.

미
세
먼
지,

엄
마
의
적

아침에 일어나 가장 먼저 하는 일은, 미세먼지 상태를 확인 하는 일이다. '나쁨'이라고 뜨는 날이면 가슴 한 켠이 답답해 져 온다. 이렇게 따뜻한 햇살이 비치는데, 아이가 야외에서 놀 수 없다니.

예전에는 '다음 세대를 위한 환경 어쩌구 저쩌구' 하는 말들이 크게 와 닿지 않았다. '다음 세대'를 낳고 나니 환경에 대해 민감해졌다. 일상에서, 더 깨끗한 지구를 물려주기 위해서 뭘 할 수 있을까를 고민한다.

최근 나는 아이와 거실 한 켠에 식물을 조금씩 가꾸고 재활용을 열심히 한다. 탄소발자국을 남기지 않게 지역 농산물가게를 이용하고, 가까운 거리를 갈 때는 자전거를 이용한다. 환경을 지켜줄 수 있는 정책을 실천할 수 있는 후보를 찾아 투표를 하는 등 작지만 도움이 될 만한 것들을 평소에 실천하곤 한다. 하루라도 더, 깨끗한 공기에서 우리 아기들이 즐겁게 뛰어 놀 수 있도록.

아빠도 육아 잘할 수 있어

오랜만에 홀로, 그것도 평일 오후에 카페에서 아메리카노를 홀짝이며 잠깐 쉴 수 있는 황금 같은 기회가 생겼다. 휴가를 낸 밀키 아빠가 밀키를 데리고 놀러간 덕분이다.

한 시간쯤 앉아 있으니, 아이를 데리고 온 아빠들이 보였다. 엄마는 대동하지 않고 오로지 아빠 혼자 아이를 돌보고 있는데, 가만 보니 한두 번 해본 솜씨가 아니다. 말투도, 어떤 여성

보다도 더 상냥하고 부들부들하다. 동네 특성인지 모르겠지만, 이사 오고 나서 꽤 자주 '아빠+유모차 세트'를 발견한다. 고작 우리 윗세대 아빠들 때만 해도 상상하기 힘든 광경이다.

밀키 아빠도 처음부터 쉽게 밀키와 동네를 돌아다니지는 못했다. 1년 전만 해도 아기와 단둘이 돌아다니는 것을 머쓱해했다.

> "이 동네에 아기띠 메고 엄마 없이 돌아다니는 아빠는 나뿐이야."

이런 날도 있었다. 빵가게 아줌마가 아기 엄마는 어디 갔냐고 물어 집에 있다고 대답을 하니, 엄마가 집에서 뭘 하느라 애기를 남편이 보느냐고 했단다. 정말이지 답답함을 감출 수가 없다. 아기 엄마도 좀 쉽시다.

지금의 밀키 아빠는 많이 달라졌다. "오늘 카페에서 나랑 똑

같이 유모차 끌고 온 아빠가 있었어! 대화까지 한 건 아니지만 애들끼리 잘 놀았다니까!" 아기와 단둘이 돌아다닐 수 있는 본인의 능력치를 무척 자랑스러워했다.

일전에 런던에서 아빠들이 끄는 유모차 부대를 보고 문화 충격을 받았다. 심지어 애 둘에 유모차를 대동하고 버스에 올라 장거리 외출을 하는 아빠도 보았다. 한국 아빠들도 아이들에게 돈 버는 기계로 여겨지는 윗세대 아빠들의 삶을 거부한다. 근 1~2여 년간 '아빠의 육아'에 관한 기사와 예능 프로그램도 인식을 전환하는 데 큰 역할을 했다. 내 주변 많은 부부들도 임신 때부터 육아에 대한 다큐와 책을 함께 보며 '육아는 같이 하는 것'이라는 공감대를 형성한다. '남자는 부엌에 들어가는 게 아니'라던, 그 시절을 살아온 부모님 세대조차 "무슨 큰일 날 소리! 육아는 아빠도 같이 하는 거지"라고 말씀하신다. 아빠들이 육아휴직을 편히 내고, 동네에서 유모차를 끄는 아빠들을 보는 것이 당연한 시대가 하루빨리 왔으면 좋겠다. 아빠의 자리를 찾아가는 일은 생각보다 어렵지 않을 수 있다.

아빠랑 놀러 가자.

워킹맘의 하루

복직 후 첫 출근. 아직 어린 밀키를 부모님께서 돌봐주시기로 했다. 감사하고 다행인 상황이지만, 출근하는 내 모습에 울음을 터뜨리는 밀키를 보니 어찌나 마음이 아팠는지 모른다. 밝게 인사하고 돌아섰지만 엄마를 부르는 밀키의 울음소리가 엘리베이터까지 들려 참았던 눈물을 기어코 흘리고 말았다. 하루 종일 함께 살을 부비다가 갑자기 떨어지니 그 쓸쓸함은 이루 말할 수가 없을 정도였다.

제법 의사표현도 하게 될 만큼 커서 엄마의 부재를 이해할 줄 알았는데 아니었다. 세 살 아이가 짊어질 수 있는 무게보다 조금 더 무거운 슬픔을 담아, "엄마, 회사 안 가면 안 돼?"라고 묻는다. 일하는 엄마로 살겠다는 결정은 나뿐 아니라 밀키를 위해서 더 나은 판단이라고 생각하지만 이 문제에 대한 고민은 아직, 끝이 보이지 않는다.

괴물아빠

"아빠는 괴물이야. 아빠랑 놀기 싫어."

며칠간 야근으로 늦게 들어온 아빠를 본 밀키의 첫 마디였다.
낮설고 어색한 존재가 된 아빠. 밀키 아빠는 서먹한 분위기를
바꿔보려 밀키를 안아 올리지만 밀키는 수염이 따갑다며 칭얼
댄다. 가족이 괴물로 바뀌다니…. 대체 왜?

국가의 자원이 부족하고 '인력'밖에 없는 나라. 예를 들면 북유럽의 경우 성별을 가리지 않고 노동력을 제공할 수 있게 사회 시스템을 구축해놓는다. 새로운 사회구성원인 '다음 세대'를 길러내는 데도 아낌없는 지원을 한다.

한국도 '인력'밖에 없는 나라다. 그런데 형편없이 추락하는 출산율을 보면, 현재 기성세대의 룰은 더 이상 새로운 세대에게 맞지도, 좋지도 않음을 반증한다. 싱글들은 '결혼해서 살 집도 마련하기 어려운데 애를 낳으면 더 답이 없다'고 성토한다. 여성이 일터로 나가는 것이 당연하다지만 여전히 제약이 존재하며, 남성이 육아를 전담하는 건 이상하다는 인식이 팽배하다. 남녀를 불문하고 일과 가정의 균형을 위해 업무시간을 조율하는 것에도 여전히 인색하다.

그 결과 통장을 스치는 월급과 각자 알아서 살아남아야 하는 헬조선에서 '나는 무엇을 위해 이렇게 일하는가?' 하는 깊은 고민만 남는다. 갖가지 통계를 갖다 붙이지 않아도, 아빠를 '괴물'이라 칭하는 아이의 한마디에 이로 인한 부작용과 위기감이 피부로 와 닿았다. 개개인을 귀하게 여길 줄 아는 기업문화, 개인이 행복하게 일과 가정을 지켜나갈 수 있는 균형적인 삶이 그저 이상적인 이야기일 뿐일까? 낙관론일지 몰라도 모두가 한 발자국씩 이 이상을 추구하다 보면 어느새 닿아 있을 것이다.

자정을 넘긴 야근
괴물로 취급받아도
감내해야 하는 아빠

강남역에서 일어난 묻지마 살인사건, 세월호, 메르스 등 신문 사회면을 채우는 온갖 사건 사고들. 정글 같은 세상에서 연약한 어린 아이를 어떻게 키울지 한숨만 나온다.

정성껏 키운 자식이 한순간에 내 품에서 사라질 수 있다는 공포와 불안은 어떤 식으로든 마음에 생채기를 남긴다. 그 생채기는 우리를 조금씩 황폐하고 무기력하게 만든다. 사랑하는 사람들의 죽음은 너무나 큰 고통이기에 나와 내 가족, 내 사람들을 지키는 데 혈안이 된다. 하지만 나만, 내 사람들만 보호한다고 모든 게 해결될까? 이런 사건들을 만들어내는 사회 시스템 속에서 사는 한, 누구에게나 사고는 일어날 수 있다.

세 살 아이에게 "낯선 아저씨, 아줌마 따라가면 안 돼!"라고 단단히 이르면서 생각한다. 갓난 아기를 태운 유모차를 밖에 놔둬도 아무 일도 일어나지 않는 북유럽은 어떻게 그렇게 단단한 시민 간의 신뢰를 쌓을 수 있었을까. 누군가 길을 물으러 다가왔을 때 움츠러들지 않는 안전한 사회가 되려면 어떻게 해야 할까. 고작 지금 나는 '불이 나면 어른이 가만히 있으라고 해도 듣지 마. 무조건 밖으로 나가, 알았지?'라고 불신을 전제한 말을 아이에게 주입시킬 수밖에 없는 사회에 살고 있다.

인재人災가 우리의 풍요로운 마음을 갉아먹게 그대로 둘 수 없다. 누군가는 자신의 이익을 위해 나와 너, 남과 여, 이성애자와 동성애자, 부자와 가난한 자, 인간과 인간이 아닌 것을 가르고 서로를 배척하게 만든다. 그러나 동시에 우리에겐 타인,

그리고 모든 생명체에 대해 비극이 일어나지 말았으면 하는 인간애를 가지고 있다. 세월호를 잊지 말자고 다짐하고, 강남 역 살인사건에 모두가 함께 아파하며, 불평등과 적폐를 청산 하고자 모두가 힘을 모은 것처럼 말이다. 각자가 마음속의 울 타리를 걷어내고 다른 이들을 조금씩 포용하고자 노력하면 훨씬 나은 사회가 된다. 그리고 그런 나라를 다음 세대에 물 려줄 수 있다.

세 살에게도 고뇌와 번민이 있다. 그 원인을 헤아려 맞추는 것은 어렵다. 본인의 욕구에 대해 잘 설명할 수 있는 나이가 아니기 때문이다. 재량껏 해석한 바에 의하면, 밀키가 고집부릴 때의 이유는 대부분 '독립심'에 의한 트러블이다. 단추를 채우거나 신발을 고르는 것까지 모두 직접 해야 직성이 풀린다. 하지만 아기의 손에 쥐어주면 난장판이 될 것이 뻔하기에 매번 옥신각신한다. 최대한 뭐든 하게 해주려 하지만 위험한 것을 만질 때나 서둘러야 할 때는 정말 난감하다.

아침에 한바탕 밀키와 싸우고 출근하면 마음이 안 좋다. 울상인 아이의 얼굴을 보고 나올 때면, 훈육을 어떻게 해야 하는지, 아이를 잘 기르고 있는 건지 불안해져서 육아 방식에 관한 다큐멘터리를 찾아보곤 한다. 육아 다큐에서는 종종 프랑스나 핀란드 같은 유럽의 육아 방식과 한국의 것을 비교하곤 한다. '유럽 것만 옳다고 하는 건 사대주의 아냐?'라는 생각이 들 때도 있지만 육아 환경에 대한 부모들의 만족도나 교육에 대한 아이들의 행복 수치를 볼 때 그들의 방식을 참고할 만하다.

유럽의 육아 방식에서 한 가지 놀라웠던 사실은 '내 아이는 아기지만 어리지는 않다'는 인식이다. 심지어 이도 없는 6개월짜리 아기에게 혼자 빵을 뜯는 연습을 시킬 정도다. 태어날 때부터 자립심을 이끌어내는 부모들은 공통적인 원칙이 있다. 아주 어릴 때부터 혼자 할 수 있는 것들을 해나가고, 내 의견을 남 앞에서 말하는 활동을 많이 하며 자신감과 성취감을 쌓

아나간다. 어쩌면, 그런 것을 기를 수 있는 시기에 나는 내 번거로움 때문에 기회를 빼앗던 것은 아니었나.

오늘 아침 미션은 시럽을 접시에 따르는 것이었다. 밀키에게 시럽을 따르게 놔두었다. 처음에야, 흘린 것을 엄마가 치워야 하는 과정이 따르겠지만, 밀키가 잘하게 되면 매번 어른이 해주지 않아도 되니, 장기적으로는 모두에게 좋은 셈이다. 세 살 아기의 떼에도 이유가 있다.

명절, 입장을 바꿔볼 것

명절이 되면 여자들은 부엌일이 많아 '싱크대 붙박이'가 된다. 입장을 바꿔 남자들이 명절에 싱크대 붙박이가 된다면 어떨까? 남자들만 일하는 명절의 모습이라니 상상만으로도 이상하게 느껴졌다. 그간 자라오면서 본 광경과 다르기 때문일 것이다. 명절 때마다 어느 한쪽만 일하고, 시달리고, 힘들어하는 부조리한 모습을 내 아이는 보지 않았으면 하는 바람이 있다.

추석을 앞둔 약 2주 전부터 여성 동료들이 '낯선 시댁에 가면 눈치 볼 사람도 많은데 일도 많다'며 명절 증후군에 시달렸다. 아직도 내 주변엔 여자들만 일하는 집이 많구나. 요즘은 며느리 눈치를 보는 시어머니들도 많아서 시어머니들도 명절 증후군에 걸린다고 한다.

비단 며느리뿐 아니라 싱글인 사람들은 '조카몬'들에게 시달리는 걸 싫어하는 사람들도 있고, 아직 취업을 못 했거나, 결혼을 안 했거나, 잠시 일을 쉬고 있는 것 중에 하나라도 해당되는 친구들은 더더욱 명절을 증오하고 있었다.

명절은 즐거워야 명절이다. 평소에 만나지 못하는 친척들인 만큼 서로 선을 지키면서, 적당한 관심과 배려를 주는 것이 가장 좋지 않을까. 같이 먹는 차례상을 위해선 다 같이 일을 나눠 하는 게 좋은 한가위를 보내는 방법이 아닐는지. 다행히 밀키의 식구들은 시어머님이 파업을 선언하신 이래 모두 함께 일한다.

진짜 너를 위한 일이 무엇일까

〈무한도전〉 '북극곰의 눈물' 편에서 어미를 잃은 새끼 곰들을 보았다. 어미 곰이 생존 방법을 알려주기도 전에 죽으면 새끼 곰은 야생에서 살아남지 못하고 바로 죽는다고 한다. 어미가 된 입장에서 밀키를 떠올렸다. 한두 명밖에 낳지 않는 요즘 세상에 자식은 귀한 존재다. 험한 세상에서 '다치면 어떡하지, 아프면 어떡하지' 하며 자식의 생존을 걱정한다. 더욱 통제하고, 감싸고, 조마조마한다.

그간 밀키는 어중간한 거리의 어린이집을 다녔다. 걷기는 조금 멀고 그렇다고 차로 타고 가기엔 가까운. 그래도 다리가 아프거나 추울까봐 매일 '차로 모셔다' 드렸다. 그러나 아이는 신호등도 건너고 싶었고, 내리는 눈도 만져보고, 산책하는 강아지도 보고 싶었던 모양이다. 가끔 걸어서 올 때면 그렇게 좋아할 수 없었다. '나 편하자고' 아이를 차에 태우고 다닌 게 아닌가 하는 생각이 들었다. 추운 겨울엔 따뜻하고 빠르게 차로 '슝' 하고 등원했다. 1년간의 등하원 시간 동안 아이가 본 것은 운전석 뒤통수일지도 모른다.

내 아이는 깨끗하고 좋은 것만 보고, 먹고, 만졌으면 하는 것이 모든 부모의 마음일 것이다. 하지만 세상은 그런 것만 있지 않잖은가? 어떻게 해야 아이가 세상엔 지저분하고 힘든 것도 있다는 사실을 인지하고, 잘 헤쳐나갈 수 있을지 늘 고민한다. 북극곰 어미가 고기를 잡아다주기만 하면 아기 곰은 먹는 방법밖에 모를 것이다. 물은 얼음장같이 차고, 물고기는 쏜살같이 빨라 잡기 어렵다는 것도 알아야 어미 없는 세상에서도 살

아남을 수 있다. 밀키도 엄마가 알려주는 길 말고 또 다른 길도 있다는 것을, 스스로 만들어나갈 수도 있고, 그 와중에 실패도 있다는 것을 알아야 한다. 밀키가 스스로 문제를 풀어갈 기회를 생활 전반에 걸쳐 더 많이 줘야 하지 않을까, 그런 의미에서 등하원 때는 함께 걸으며 주변을 더 오래 보고, 이야기도 더 많이 하기로 했다.

책을 좋아하는 아이가 되기를

"좋은 책을 읽을 때 마법 같은 일이 일어난다."

조앤 롤링(소설가)

어릴 때 읽은 책은 평생 소중한 친구가 된다는 《해리포터》 작가, 조앤 롤링의 말처럼 우리 아이들도 책과 일찍 친해졌으면 한다. 밀키는 엄마와 책을 읽는 시간을 좋아한다. 늘어져서 쉬고 싶은 저녁 시간, 밀키가 책을 읽어달라고 조르면 피곤한 기

분이 앞서곤 한다. 그렇다고 책에 있는 문장을 건성건성 읽어
주면 아이도 금세 흥미를 잃는다. 어차피 읽어줄 거, 나는 최대
한 실감나게 읽어준다. 블록버스터 영화처럼 빵빵 터지는 액
션과 있지도 않은 내용을 섞어가면서. 효과음이 지나쳐서 밀
키 아빠에게 시끄럽다는 비난을 사기도 하지만 밀키는 엄마
가 읽어주는 것을 무척 즐긴다. "또 읽어줘!"를 열 번쯤 반복
을 하고 나면 체력을 모두 소진하여 밀키와 함께 장렬하게 잠
자리로 전사한다.

거미가 길을 건너고 있었는데…

나는 꼬마일 적부터 엄마를 따라 동네 도서관에 갔다. 식사시간에 밥에 집중하지 않고 책을 붙잡고 있어서 혼나기도 하고, 중고등학교 때는 매주 도서관에 갔을 정도로 책을 좋아했다. 학원은 다니지 않았지만 공부를 곧잘 하던 아이였고, 공부하기 싫을 때면 죄책감을 덜 요량으로 도서관에 처박혀 책만 읽었다. 그때 닥치는 대로 읽었던 책들이 탄탄한 자양분이 되어 어른이 된 지금, 그림을 그리고 글을 쓰고 영상을 창작하는 데 큰 도움이 되고 있다. 어른이 되고 보니, 공부보다 독서가 더 중요하다는 것을 절실히 느낀다. 하지만 밀키에게 책을 읽으라고 종용하지 않고 엄마인 내가 먼저 책을 읽는 모습을 보여준다. 그런 내 모습을 보고 밀키도 자연스럽게 책을 읽는다. 언젠가 밀키도 스스로 책을 읽을 때쯤, 까슬까슬한 종이의 감촉을 즐기면서 해리 포터와 셜록 홈즈가 되어보길!

엄마의 하루 : 저녁 7시

4부 예측불허의 순간들

아이는 건강히 잘 노는 것만으로도
아기는 임무를 다 하는 것이로구나.

아이를 키우다 보면 사건 사고가 참 잦다. 여기저기 기어올라
가는 이놈의 본능은 어찌할 수가 없나 보다. 잠시 한눈을 판
사이, 그만 밀키가 침대에서 바닥으로 다이빙을 하고 말았다.
살짝 다친 줄 알았는데, 살펴보니 뒷머리가 피로 흥건히 젖
어 있었다.

동네 소아과들도 모두 문을 닫은 밤늦은 시간, 다친 밀키를 안

고 대학병원 응급실로 향했다. 너무 당황해서 손이 바들바들 떨릴 지경인데 도착한 응급실은 사람들로 꽉 차 대기시간은 길었다. 겨우 지혈을 하고 의사의 소견서를 기다릴 무렵에는 가족 모두 지쳐버렸다.

초조하게 의사를 기다리고 있던 그때, 밀키가 조용히 동요를 부르기 시작했다. 가장 아파해야 할 아기가 담담하게 노래를 부르면서 차분히 자기 차례를 기다리는 걸 보고, 엄마인 나부터 불안해하면 안 되겠구나. 마음을 단단히 먹어야겠다는 생각이 들었다.

자정을 넘어 병원을 나선 우리 가족. 그때까지도 밀키는 피곤한 기색 없이 잘 참아주었다. 걱정어린 내 표정을 살피며 연신 "미안해… 미안해…"란다. 할 줄 아는 말도 별로 없는 아기가 몇 마디 단어로 엄마를 다독인다. 그 순간만큼은 마치 밀키가 백 살쯤 살아본 노인같고, 나는 불안에 떠는 작은 아이 같았다. '앞으로 육아를 하면서 별의별 일이 다 있을 거야. 이 정도로

뭘 당황해' 하며 토닥거리는 느낌. 그 이후 나는 의지가 될 수 있는 좀 더 단단한 엄마가 되자고 속으로 다짐했다.

입에 모터를 단 것처럼 떠들며 집 안을 누비던 밀키가, 오늘따라 눈물을 글썽이면서 조용히 앉아만 있는 모습이 이상했다. 평소 좋아하는 놀이나 간식을 다 거부하는 모습에 당황했다. 아니나 다를까, 고열을 동반한 열감기에 걸렸다.

하필이면 주말에, 밀키 아빠도 없을 때 아이가 아픈 날이 왕왕 있었다. 주말에 여는 병원을 백방으로 찾아 아침부터 문 열기를 기다리기도 하고, 이동하는 택시 안에서 아기가 토한 적도 있다. 지금 생각하면 아찔할 정도로 미안하고 황망하지만 아픈 아이를 다독이며 평정심을 유지하려 애썼다. 이를 악물고 사태를 수습하고 병원으로 달리기를 몇 번이나 했다.

병원에 다녀온 후로 밤이고 낮이고 잠을 청하는 아이를 보며, 지친 내 몸보다 아이를 먼저 걱정하는 게 엄마임을 알았다. 6시간마다 해열제를 챙겨 먹이기를 5일째, 드디어 밀키가 놀아달라고 아우성을 치기 시작했다. 그때 알았다. 아이는 건강히 잘 노는 것만으로도 아기는 임무를 다하는 것이로구나.

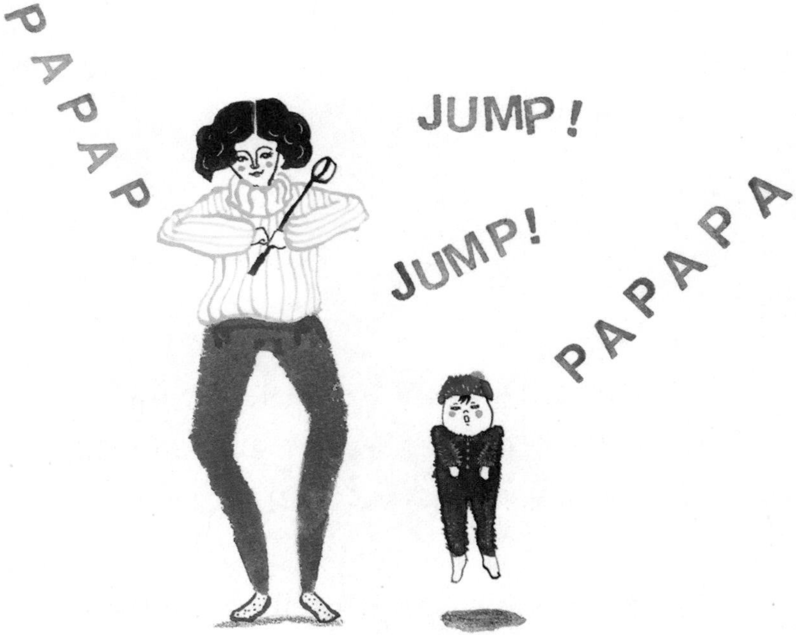
PAPAP
JUMP!
JUMP!
PAPAPA

매일 매일 응가 전쟁

돌잔치도 안 한 아기에게 장난감 변기를 사준 나는 성급한 엄마다. 변기는 장난감을 담는 바구니, 밟고 올라서는 지지대쯤으로 수개월간 활약하다가 곧 아이의 관심 밖으로 밀려났다.

'때 되면 하겠지'라는 마음으로 천천히 기다리는 것은 나 같은 성질 급한 엄마에게는 고역이다. 말도 못하는 아이에게 알파벳 퍼즐을 들이대고, 악기도 하나쯤 다룰 줄 알아야 한다며 장난감 기타를 연주하길 기대한다. 나는 '조급하지 않은 엄마'가 될 줄 알았는데, 뒤돌아보면 내 행적은 너무나 어이없었다. 아마 밀키가 말을 할 수 있었다면, "엄마, 좀 나중에 하면 안 돼요?"라고 소리 질렀을 법하다.

이제 밀키 변기에
응가할 거야.

다행인 것은, 엄마와 달리 아이들은 '때 되면 알아서' 한다. 엄마의 변덕으로 기저귀 브랜드가 자주 바뀌자 예쁜 무늬의 면 팬티에 흥미를 갖더니, 장난감 더미 속 유아 변기를 찾아 앉기 시작했다. 때론 어른용 변기에 앉아보고, 어린이집의 아이용 변기에 열광하면서 자연스럽게 기저귀를 뗐다.

배변 훈련의 경험 이후로 나는 조급증을 꽤 많이 덜어내게 되었다. 뭐든 중요한 성장 단계를 넘을 때는 변덕도 잦고, 시행착오도 많다. 하지만 세상에 태어나 처음 하는 일인데 그 정도 과오야 있을 수 있지 않은가. 기약 없는 산행을 하는 기분일 때도 있지만 아이를 믿어주고, 기다려주는 부모의 역할 만큼 중요한 게 없다는 말을 되새겨본다. 뭐 어쨌든 요즘은 응가를 치우다가 하루가 저문다.

아침을 먹다 말고 초점 없이 멈춰 있는 밀키.

혼자 앉기 시작한 후부터 꽤 자주 있는 일이어서 덜컥 걱정

이 되었다.

나 또한 멍 때리기 선수지만, 초보엄마에게는 모든 것이 걱정

거리다. 아기의 멍 때리기는, 뇌가 잠깐 쉬는 거라는 설이 유

력했다. 며칠 관찰해보니, 밀키는 밥이 좀 맛이 없거나, 밥 먹

을 때 누군가 말을 걸어주지 않으면 혼자만의 세계로 떠난다.
그리고 약 10초 후 현실 세계로 돌아온다. 그럴 때면 방해하지
않고, 잠자코 기다려준다.

'아이야, 무슨 생각을 하고 있니?'
첫 아이는 어렵다.

아침 먹고 땡!

점심 먹고 땡!

저녁 먹고 땡!

이런 노래를 밀키한테 불러주곤 한다.

주말이면 아침 먹고 커피 한 잔!

체력 게이지

누가 먼저 충전을 완료할 것인가···

점심 후 밀키 낮잠 시간에 또 한 잔!
여유 되면 저녁에 남은 커피 또 한 잔!
안 그러면 밀키의 체력을 감당하기 힘들다.

엄마는 아무리 졸리고 몸이 아파도 아기의 기본적인 욕구에
충실하게 대응해줘야 한다. 내 기본적인 욕구는 잠시 뒷전이
되더라도 말이다. 이런 고된 직업이 있나.

아
이
의

놀
이
는
즐
거
워
야
한
다

밀키가 신생아 시절, 가끔 아이를 조부모님께 맡기고 부부 둘이서 노는 것이 낙이었다. 예쁜 카페에 가거나 공연을 보면서 숨을 돌렸다. 신혼이 그리워서 그리했던 것인데, 둘만 있다고 해서 신혼 때로 돌아갈 수 없다는 것을 깨달았다. 우리는 둘만 있어도 밀키 이야기를, 밀키 걱정을, 밀키 생각을 하고 있었다.

가족의 일원이 하나 늘어나면 반드시 변화가 온다. 이 구성원이 함께 뭔가를 하는 시간이 더 즐겁게 느껴지는 순간이 온 것이다. 돌아보면 가족 구성원 모두가 함께할 수 있는 시간이 생각보다 길지 않다.

아이가 조금씩 자라면서, 놀이방식에도 변화가 필요했다. 내가 아는 것만으로는 부족했다. 놀이를 확장하기 위해서 아이가 가장 원하는 것은 신기한 장난감도, 혼자 동영상을 보는 것도 아니었다. 엄마와 아빠, 다 같이 노는 것, 그뿐이었다. 그래서 아이와의 놀이 레시피를 연재했다. 전 세계 아이들의 놀이를 수집해 보고, 저녁에는 아이와 간단하게 할 수 있는 것을 함께 해보며 실험하듯 놀았다.

이 과정에서 두 가지 사실을 알게 되었다. 하나는 나를 포함한 많은 부모들이 놀이의 효과를 학습지 고르듯 찾고 있었다는 것이다. 뇌를 발달시키고 싶다든지, 특정 근육을 개발한다는 효과를 기대하면 즐거움이 감소한다. 아이가 놀이를 즐거워한다면 놀이는 목적을 다한 것이다. 수많은 부가적인 효과는 그

안에서 자연스럽게 생긴다.

두 번째는 아이들은 스스로 놀이를 만들고 즐거움을 발굴하는 데 탁월한 재능이 있다는 것이다. 부모는 놀이의 틀만 잡아주고, 그 안에서 아이가 능동적으로 삶의 기술을 터득하도록 곁에서 살짝 돕는 것이 우리의 역할이다. '이 놀이는 이렇게 저렇게 하는 거야'라고 리딩하지 않는 것이 중요하다. 아이의 자신감을 담은 작은 놀이 속 행동들이 쌓여, 삶 구석구석에 영향을 준다.

꼬마의 눈높이

하루는 밀키가 감기가 심해져서 동네 이비인후과에 갔다. 진료를 기다리는 동안 우리는 아침드라마가 나오는 TV를 무심히 보고 있었다. 앞뒤 내용을 보지 않아도 알 수 있는, 아침드라마 특유의 '배신당한 여자의 오열 신'이었다. "악! 악!" 소리를 지르면서 책상을 뒤엎는 격한 장면이었는데 그 순간 밀키가 "저 언니…" 하며 입을 뗐다. 왠지 부끄러워서 저걸 뭐라고 설명해야 좋을까, '저 아줌마는 남편이 바람을 피워서 물

증을 잡으려고 했어. 그런데 그게 실패해서 화내는 거야'라고
설명하기 난감해서 우물쭈물 하고 있는데, "밀키가 저 언니,
장난감 정리하려다가 넘어져서 우네"라고 단박에 상황 정리
를 해버렸다.

"그런 거 같네" 하며 나는 입을 다물었다. 세 살짜리다운 해석
이다 싶으면서 어른들의 지저분한 세계에 대해 시시콜콜 설명
하기 싫어지고만 그런 순간이었다.

도시락 속 밀키

딸의 생애 첫 도시락을 싸면서 고백하건대,

손이 좀 떨렸다.

NO ONE
KNOWS
WHERE
I AM.

하루는 퇴근한 밀키 아빠가 두통을 호소했다.

　"밀키야, 아빠 머리가 아파요."

　"네, 누우세요. 밀키가 치료해줄게요."

작은 손으로 진지하게 진찰을 시작하는 밀키와 곱게 누워 있
는 밀키 아빠의 모습을 흐뭇하게 보고 있다가 한마디를 툭 던

졌다.

"밀키야, 아빠가 꼭 아기 같다, 그치?"

"아냐. 아빠는 어른이 같아."

그래 맞아. 아빠는 '어린이' 아니고 '어른이'야. 살짝 덜 컸지.

엄마의 하루 : 밤 10시

5부 혼자가 되는 시간

누구의 엄마라는 인생을 살기보다
나라는 사람의 정체성을 지키고 싶다.

아기와 함께 주말 나들이를 나섰다가 서촌 골목 어귀에서, 한 커플을 보게 되었다. 예쁘게 차려입은 여자친구는 한껏 폼을 잡고, 남자친구는 연신 카메라 셔터를 누른다. 여자의 가방은 남자에게 들려 있고, 자신의 셔츠로 여자친구 얼굴에 그늘을 만들어준다. 여자친구를 소중히 여기는 모습을 보고 절로 웃음이 나왔다. 진짜로 사랑하는가 보다, 이 커플.

달달한 커플을 목격할 때마다 20대 시절 남편과의 연애를 떠올린다. 나도 저렇게 소중하게 여겨지고 사랑받을 때가 있었는데…. 지금은 헉헉대며 유모차를 미는 애 엄마, 애 아빠가 되어 눈앞에 닥친 일들을 수습하기 바쁘다. '저들도 결혼해서 이렇게 되리라' 같은 예언도 해보지만, 속으로는 조금 부럽다.

> 여러 해에 걸쳐 수천 명의 사람들과 이야기하며
> 우리 모두에게 공통된 소망이 한 가지 있다는 것을 알게 되
> 었다. '자기 자신이 가치 있게 여겨지고 싶다'는 소망이다.
>
> 오프라 윈프리(미국 방송인), 《내가 확실히 아는 것들(북하우스)》 중에서

20킬로그램 이상 살이 찌고, 머리카락이 숭숭 빠지고, 너덜거리는 수유복을 입고 세수도 못한 채로 거실을 좀비처럼 걸어다닐 때도 남편이 나를 아껴주길 바랐다. 그러나 100명의 남편이 나를 사랑해준다고 해도 채워질 수 없는 어떤 종류의 결핍이 있었다.

인스타그램의 맘^{MOM} 관련 태그 중 항상 상위를 차지하는 것은 '다이어트'다. 국적과 상관없이 임신과 출산을 경험하는 여성들은 빠르게 불어나는 몸매만큼 자존감도 급락하는 것을 느낀다. 여기에는 남자는 알 수 없는 미묘한 여자 심리가 있다. 여자는 나이와 상황에 상관없이 항상 예뻐 보이고 싶다는 것이다.

나는 임신했을 적, 배가 불러와서 맞는 옷이 없자 '임산부용 예쁜 옷'을 판다는 쇼핑몰을 찾았다. 하지만 배에 풍선을 넣고 몸매는 쇼핑몰 모델 그대로인 모델 핏과 현실의 나는, 천지차이였다. 화장도 하는 둥 마는 둥, 하이힐은 신발장 구석에 넣어놓고 항상 운동화만 신고 다니는 통에, 예쁘게 꾸미고 다니는 여성들을 보면 내 자신이 초라해 보이는 느낌을 받아서 꽤 시리 서글펐다.

이런 고민을 남편에게 토로하면 "임산부가 예뻐서 뭐해, 자기는 남편이 있잖아"라는 대답이 돌아왔다. 임산부는 예쁘면 안 되나? 남자들은 단순히 여자가 아름다움을 추구하는 이유는 오로지 결혼과 자손 번식을 위해서라는 생각이 있다. 나는 엄마이기 전에 예뻐지고 싶은 여자이고, 내 외모를 가꾸는 것은 내 자존감의 한 축이나 마찬가지다. 아이를 보호해야 할 만큼의 충분한 지방을 보유한 D라인 몸매라도, 내 결핍을 채워지길, 누군가 날 안심시켜주길 바랐다.

임신과 출산을 주제로 글을 쓰고, 육아 일러스트를 그리면서 나는 나 자신의 내면을 깊이 관찰할 수 있었다. 덕분에 내 슬픔의 원인도 여러 번 들여다볼 수 있었다. 육아를 하면서 바닥을 친 자존감을 이 과정으로 회복했다 해도 과언이 아니다. 출산 초기에는 이 결핍을 남편의 도움으로 채우려 했다. 동시에 나와 비슷한 처지의 육아 동지들을 찾아 위로를 받고 싶었다. 하지만 쉽게 해소되지 않았다.

몇 달의 번민과 방황 끝에 '나는 가치 있는 존재'라는 것을 스스로 증명해야 한다는 것을 깨달았다. 밀키베이비 블로그를 열고, 전공을 살려 영상 공모전에도 도전했다. 밀키의 낮잠 시

간을 활용하고, 육아에 지쳐 초저녁부터 침대로 들어가고 싶은 마음을 꾹꾹 참으며 작업했다. 꾸준히 일러스트를 연재하고 그 영상들이 크고 작은 상을 탄 덕분에 영상을 접목한 작품으로 전시도 열었다. 기회는 꼬리를 물고 나타났다. 잡지에 내 일러스트가 실리고, TV 인터뷰도 하게 되었다. 그렇게 나는 아주 천천히, 점진적으로 엄마라는 타이틀에 나를 매어놓지 않고, 스스로를 소중히 하는 법을 배워나가고 있다.

자존감은 남이 채워주지 않는다. 스스로 공들여 쌓아야 하는 것이었다.

카카오톡 프로필 사진을 보다 보면 주변 지인들의 변화가 고스란히 보인다. 20대에는 셀카 사진이 많이 보였는데, 30대가 되니 커플 사진이나 결혼 사진이 주를 이룬다. 잊을 만하다 다시 보면 아기 사진으로 바뀌어 있는 신기한 광경. 연락을 자주 못했던 친구들의 프로필 사진을 볼 때마다 깜짝깜짝 놀란다. 아마 노년이 되면 다들 손주를 안고 있는 사진을 올리겠지?

내 프로필 사진은 밀키가 아닌 내 사진이 주를 이룬다. 아기 사진을 프로필 사진으로 올리다가 문득, 육아를 하며 사라진 내 일상처럼, 내 존재도 없어지는 것 같은 느낌이 들었다. 물론 엄마가 되고 나서는 스마트폰 사진첩에서 내 셀카를 찾는 것이 힘들어졌다. 하지만 꾸역꾸역 예전 셀카라도 끄집어내곤 한다. 누구의 엄마라는 인생을 살기보다, 나라는 사람의 정체성을 지키고 싶기 때문이다.

넘나
희귀한
내 셀카

형식적이지만 축제 같았던 결혼식을 마치고, 풀 메이크업에 운동복 차림으로 터덜터덜 신혼집으로 돌아왔다. 스프레이로 딱딱해진 머리에서 100개의 실핀을 빼며 생각했다.

'이제, 내 집이 있고(사실은 은행 집이지만), 우리 둘이 뭐든 할 수 있어!'

뻔질나게 외식을 하고, 밤늦게 영화를 보고, 신혼여행을 시작으로 다음 여행을 계획하면서 '이게 행복한 삶이구나' 싶었다. '허니문'이라는 말처럼, 평범한 달도 꿀 바른 것처럼 보이던 시절이었다. 가끔은 불안했다. 행복이 달아날까봐, 누군가 행복을 시샘해서 불행을 던져줄까봐. 연애의 연장 같은 신혼의 삶은 깃털만큼 가벼웠다.

그때의 나를 생각하면 '엄마 미소'가 지어진다. '철없던 시절이었지' 하면서 말이다. 반짝이는 반지를 자랑하고, 두툼한 고기를 썰고, 어디로 여행을 다녀왔다는 것에서 행복을 찾으려고 했으니까.

의미도 모르고 대학에 진학하듯, 그렇게 부부라는 자리로 들어섰다. 삶의 진짜 무게는, 부모가 되어서야 알았다. 어쩌면 우리는 모두 이 버거운 것을 나눠 들고 이야기를 나눌 가족이자 친구를 찾는지도 모른다. 상대방이 너무 무거워서 괴로워하지 않게 평생 내 몫을 잘 드는 것이 상대방에 대한 도리일 것이다. 아이의 무게까지 더해지면 팔이 벌벌 떨릴 수도, 허리가 아플 수도 있다. 누군가와 함께 짐을 들어본 사람은 알겠지만, 뭔가를 같이 하는 과정에서 의견을 조율하는 피곤함과 즐거움은 공존한다. 중간 중간 반짝이는 아이의 눈빛, 진심으로 공감해주는 동반자의 말 한마디가 내겐 행복이다. 원래 행복은 찰나인가 보다.

부부란 참 어려운 관계다. 밀키 아빠를 속 좁게 미워하고 원망할 때도 왕왕 있다. 하지만 내가 더 힘들다는 걸 알아달라며 징징거리기보다 상대방을 수시로 살피면서 다독이는 것이 인생이란 숲을 헤쳐나가는 데 훨씬 도움이 된다. 달관한 소리 같지만, 사실 내 마음이 편해지려고 그렇게 생각하기로 했다.

출산 전후로 우리 부부의 생활은 180도 바뀌었다. 나는 자의 반 타의 반으로 일정 기간 독박육아를 시작했고, 나보다 더 철 없는 생명을 책임지게 되었다.

처음 아빠가 된 남편도 이 폭풍우 속에서 멀쩡할 수 없다. 회 사 일에 치이고, 집에 돌아와선 육아를 하느라 혼자만의 시간 은 꿈도 못 꾼 채 보낸다. 그러다 보면 몇 년이 금세 지나가버린다. 그렇게 겪는 극도로 힘들고 낯선 육아, 그 속에서 부부 싸움이 시작됐다. '내가 더 힘들다'라는 생각 때문에 서로에게 가시 돋친 말을 퍼붓고 만다. 어린 아기를 키우는 특수상황에서 '상대방이 더 힘들겠지'라고 여기며 배려하는 것은 매우 힘든 일이다.

가족을 한 명 더 들이는 이른바 '성장통'은 반드시 온다. 나는 힘든 다툼이 있을 때면 함께했던 시간을 돌이켜보며 미운 마음을 꾹꾹 누른다. '이렇게 싸우는 엄마 아빠의 모습을 보여주고 싶지 않아, 아이에게 좋은 부모가 되고 싶은데'라는 생각은 내 분노를 가라앉히는 특효약이다.

아이는 우리 부부의 '접착제' 같은 존재다. 이런 역할이 되리라곤 상상도 못했는데 말이다. 밀키가 세 살이 되는 동안 참 많이 싸웠지만, 돌아보면 그저 웃음만 난다. 육아라는 힘든 전쟁을 함께 치뤄가며 부부는 서로에 대해 모르던 점들을 발견하면서 존중하는 방법을 배워간다. 부모의 행동을 그대로 따

라하는 밀키를 볼 때마다 조심스럽고 어렵지만, 이렇게 시행
착오를 겪으면서 우리는 부모가 된다.

가족이란 선택하는 것이 아니다.

그들은 당신에게 주어진 신의 선물이다.

당신이 그들에게 그러하듯.

데스몬드 투투(평등과 정의 평화를 위해 일생을 바친 정신적 지도자)

부모와 어른은 동의어가 아니다

요즘 아이에게 자꾸 '어른'이란 말을 쓰게 된다.

"넌 아직 아기야. 이건 어른이 먹는 거야."
"이건 어른들이 하는 거야."

그럴 때마다 "밀키도 어른이야!" 하는 외침을 듣게 된다.

커피는 어른이
먹는 거야, 알겠지?

우유는 밀키 꺼.

어른의 정의를 생각하다가 문득 '부모가 되었다고 해서 내가 어른이 되었나?' 하는 생각이 들었다. 내 손으로 밥벌이를 하고, 자녀를 키우고 있으니 사회 통념상 어른이 되었다고 볼 수 있지만, 돌아보면 어른이란 말이 무색하게 행동할 때가 많았다.

특히 20대 시절 나는 어른이 되기를 한없이 유예하고 싶었다. 지하 벙커 같은 학원에서 공부만 한 나는 대학에 들어간다는 것이 어른이 된다는 것인 줄 알았다. 웃자란 풀처럼 나는 더없이 불행했다. 그때까지도 나는 내 생각이 아닌, 선생님이나 부모님의 의지와 시선에 따라 삶의 방향을 정했다. 앞으로 평생 누군가의 주문에 의해 살자니 끔찍했다. 내 의지와 내면의 목소리에 따라 선택을 하고, 그 선택에 책임을 질 수 사람이 되고 싶었다.

그 사실을 깨닫는 데는 그리 오래 걸리지 않았다. 나는 대학생 신분으로 할 수 있는 아르바이트, 공모전, 서포터즈를 수도 없이 했다. 그 중 제일모직 대학생 엠버서더Ambassador로 뽑혀 LA

에서 열린 빈폴 CF 촬영 현장에 초대된 일은 내 인생의 방점을 찍어 주었다. 당시 현장에는 화제의 미국 드라마 〈프리즌 브레이크〉를 만든 브렛 래트너 감독과 '석호필'이라는 애칭을 가진 배우 웬트워스 밀러가 있었다. 나는 상업적 영상과 사진이 만들어지는 현장에서 신선한 충격을 받았다. 베벌리힐스의 대저택이자 촬영지였던 감독의 집보다 할리우드의 내로라하는 프로들이 모여 열띠게 일하는 장면이 너무나 멋졌다. 나는 굵직한 촬영 모습을 드로잉으로 남겼고 그것은 패션잡지 〈쎄씨Ceci〉에 실렸다.

나는 이 경험에서 자신감을 얻고 내면의 목소리에 귀를 기울이는 한편, 교수님이나 부모님이 '고시'를 보라는 주문에는 귀를 닫았다. 당시 나는 영상을 전공하면서도 미대 수업을 찾아들으며 막연히 해외 유학을 꿈꿨다. 일러스트와 애니메이션을 그때부터 본격적으로 시작했다. 영어와 일어도 공부하고, 강남의 값비싼 유학용 미술학원을 1년간 다니며 포트폴리오를 준비했다. 학원비를 충당하기 위해 미친 듯이 아르바이트를

했다. 그런데 아무리 돈을 벌어도, 생활비도 모자랄 지경인 내게 유학의 길은 멀고도 소원해보였다.

이상과 현실과의 간극에 어쩔 줄 몰라 하면서도, 영상 전공 공부만은 즐겁게 했다. 선후배들과 스토리텔링을 공부하고, 라디오 프로그램을 만들고 연극도 했다. 남들은 스펙을 쌓느라 정신없을 때 나는 스토리텔링의 매력에 빠져서, 타대학 같은 전공 친구들과 단편영화도 줄기차게 만들었다. 순수한 즐거움과 짜릿함을 맛볼 수 있었던 경험이었다. 서울시 영상 콘텐츠 공모전, SK 싸이월드 뮤직비디오 공모전에서 큰 상을 타고, 학교에선 방송국 PD들과 연출을 배우는 PD스쿨을 듣고 나니 뭐든 할 수 있을 것 같았다. 그런데도 내가 처음 발 딛은 사회는 아릴 만큼 차가웠다. 나는 졸업 후 덜렁 백수가 되었다. 나는 자포자기하는 심정으로 그동안 만든 포트폴리오와 미대 수업에서 진행한 과제들을 블로그에 조금씩 올렸다. 내 작품을 보고 일을 처음 맡겨준 건 사회 공헌 활동을 하는 '얼티즌'이란 카페였다. 나는 돈을 받고 메뉴판과 포스터, 각종 온오프라인 디자인을 만드는 경험을 하며 사회생활을 시작했고, 그

조그만 불씨가 작지만 탄탄한 '로티플'이라는 스타트업을 거쳐 '카카오'라는 큰 회사의 디자이너가 되게 해주었다.

좋은 회사의 직원으로 사는 것도 나쁘지 않다. 하지만 나는 누구의 아내, 어디의 누구라는 명칭보다 내 이름으로 살고 싶었다. 그래서 가장 힘든 육아를 하는 와중에 나만의 콘텐츠를 만들기 시작했다.

부모가 된 뒤에도 나는 여전히 인생의 여기저기에서 방향을 잃고, 옹알이를 하는 아기 앞에서 철없이 울기 일쑤다. 연초에 세운 계획은 아직 달성하려면 멀었고, 달콤한 과자나 오락거리에 빠지기도 하는 불완전한 인간이다. 다행인 건 이 어린 아기는 어렴풋이 알고 있는 것 같다. 엄마란 어른이 '완벽한 인격체'가 아니라는 걸 말이다. 삶은 실수투성이에, 어른도 감정적인 존재라는 걸 나는 부모가 된 후에야 알았는데 말이다.

> 인생은 더 멀리 밀고 나갈수록
> 더 자기답고, 더 개성적이고, 더 독특한 것이 된다.
>
> **라이너 마리아 릴케(독일의 시인)**

육아휴직의 기록

워킹맘의 일상은 한마디로 정신이 없다. 집안일도 꼼꼼히 살펴볼 틈이 없고, 남편과 제대로 대화할 시간이나 아이의 변화를 세밀히 관찰할 여유 따윈 없다. 집 안에 쌓여가는 먼지만큼 가족과의 관계도 점점 엉클어지고 있다고 느꼈다. 잠깐 멈춰야 한다는 생각이 들었다. 나와 우리 가족을 추스르는 시간이 필요하다고.

지인(여성)이 육아휴직을 입 밖에 냈다가 그날로 퇴사한 것을

헐!

목격하다 보니, 육아휴직을 자유로이 낼 수 있는 회사에 다니고 있는 걸 감사하게 여겨야 할 판이었다. 아직 한국은 남자보다 여자가 육아휴직을 내는 게 보편적이다. 커리어와 가족, 끝없는 줄다리기 끝에, 아내인 내가 육아휴직을 시작했다.

휴직을 하자마자, 이사와 어린이집 입학, 새로운 동네 적응 등이 우리 가족의 앞에 기다리고 있었고, 모두가 낯선 환경에 열심히 적응해야 했다. 밀키가 어린이집을 다니며 오전반에서 조금씩 오후반으로 시간을 늘려갈 무렵, 내 자유시간을 모아 그간 탈탈 털리듯 한 내 자아를 찾기로 했다. 그건 정말 중요한 일이었다. 내 자신에 대해, 내 삶의 방향성에 대해 확신이 없다면, 아이를 잘 키울 수 없을 것 같았기 때문이다.

밀키가 어린이집에 있거나 잠을 자는 동안 만은 오롯이 내 시간이었다. 엄마를 닮아 아침형 인간인 밀키 덕분에 밀키보다 더 새벽같이 일어나 할 일을 한다. 이렇게 만든 소중한 내 시간에 뭘 할까 고민했다.

'막연하게 나 자신을 찾자'라는 생각은 '내가 좋아하는 것을 찾자'로 발전하고, '그간 미뤄왔던 일, 하고 싶은 것들을 하나씩 해보자'고 결심했다.

디자인 감각을 잃지 않으면서 그림에의 열정을 되살리고자 다시 그림을 시작했다. 완성된 그림을 영상으로도 만들었다. 영상을 만들다보니 배경음악이 필요했다. 결국 나는 음악을 만들기 시작했고 다양한 작업을 시도했다. 그런데 혼자 만족하는 취미 같은 작업이 재미가 없었다. 요즘같이 SNS가 발달한 시대에, 누군가와 작업물에 대해 교감하고 공유가 되고 도움이 되었으면 했다.

그것을 찾는 것은 그리 어려운 일이 아니었다. 그리고 싶은 마음이 마구 드는 존재가 바로 곁에 있었다. 이 아이가 성장하는 모습과 재밌는 행동들, 누군가와 공유하고 싶은 엄마의 생각들을 모아 '밀키베이비'를 연재하기 시작했다. 그것은 내게 너무나 자연스러운 과정이었고, 밀키와 밀접하게 지내는 것이 서로에게 좋은 자극제가 되었다.

눈 깜짝할 사이에 육아휴직을 마무리할 시점이 다가왔다. 휴직 기간 동안 보냈던 가족들과의 나날, 내 자신을 단단하게 다졌던 시간들은 정말 소중했다. 이 시간을 발판 삼아 내 콘텐츠를 만들며 '내가 잘할 수 있는 것을, 잘 해나가고 있구나'라는 느낌을 받는다. 인생도 드라마처럼 시즌이 있는 것 같다. 1시즌이 끝나고 더 익사이팅한 2시즌을 준비하는 기분이 든다.

밀키는 태어났을 때부터 시댁과 친척을 전전하며, 조부모님들의 손을 많이 탄 아기다. 예순을 넘기신 조부모님들은 밀키의 발이 땅에 닿을 틈이 없을 만큼 안아주셨다. 우연히 등 뒤에 붙은 파스를 내 눈으로 발견할 때까지 힘들다는 내색 한 번 안 하셨다.

출산 직전까지도 조부모님들은 아기를 키워주지 않겠다고 하셨고, 나도 '내 아기 내가 키운다'고 다짐했다. 하지만 복직할

날은 다가오고, '이모님'을 알아보면 알아볼수록 고민이 깊어졌다.

어렵게 도움을 요청드리자, 선뜻 승낙해주셔서 일이 쉽게 풀리는 듯했다. 그러나 신생아 육아는 정말 고된 일이다. 30여 년 만에 다시 포대기를 두르시고, 분유를 타고, 똥 기저귀를 치우셨다. 그런데도 친정에선 "아이가 아기를 키우네"라며 출산하고 몸이 성하지 않은 딸을 걱정하시고, 시댁에서는 임신 때부터 아기가 어릴 때까지 모든 명절의 프리패스권을 주셨다.

3년간 할머니, 할아버지가 정성으로 돌봐주신 밀키는 바르게 자랐다. 아이는 엄마의 사랑과 조부모님들의 사랑을 담뿍 받고, 다양한 가족의 군상을 접하면서 사회성도 길렀다. 친정과 시댁에서 아기를 돌보는 방법도 제각각이라 상황에 따른 적응력도 길러지고, 요리를 못 하는 엄마와 있을 때보다 접하는 식재료의 폭도 넓어졌다. 물론 왔다 갔다 하는 이동의 스트레스가 있었지만 '원거리 대가족' 같은 느낌이고, 지금도 양가의 조부모님들과 친하게 지내는 밀키를 보며 좋은 영향을 많이 받았다는 생각이 든다.

최근 '황혼육아 때문에 노후를 다 뺏겼다'라는 내용의 기사를 보았다. 읽는 내내 마음이 무거웠다. 노후에 즐겁게 여가를 즐기실 수도 있고, 재취업을 해서 일을 할 수도 있는 기회를 앗아간 것은 사실이기 때문이다. 육체적으로도 힘드실 거고, 이제 자식을 다 키웠다고 생각했는데 또다시 숙제를 떠맡는 기분일 수도 있다.

핏줄이라는 이유 하나만으로 자신의 얼마 남지 않은 인생을 쪼개어 기꺼이 나눠주고자 하시는 마음에 무한한 감사한다. 밀키의 함박웃음에 모든 고생을 잊으시지만, 그럼에도 부모님들이 포기하신 부분에 대해서는 조금이나마 보상이 될 수 있도록 했다. 가족이라고 해서, 시간과 노력을 무조건 희생해야 하는 건 피차 괴로운 일이니까.

우쭈쭈 우리 밀키!

워킹맘은 월요일이 좋아요

Monday blues.

주말 내내 폭염에,

낮잠도 자지 않고 놀고 싶어 하는 밀키와 씨름했더니

월요일에는 항상 그로기 상태다.

출근이 육아보다 쉬운 분이 아마 꽤 될 것이다.

나는 월요병이 없다.

엄마에게는, 월요일이 있는 게 오히려 감사하다.

月요병

아무것도 안 되는 날의 위로

여기저기서 콜록거리는 소리가 들려오는 계절, 겨울.

독감이 유행이다. 밀키의 어린이집 친구들은 물론 가족들도 죄다 감기에 걸려 서로 질세라 쿨럭쿨럭거린다. 뼛속까지 아린 바람 때문에 자꾸 움츠러들기만 한다. 갑자기 이렇게 아프면 미리 세워둔 계획도 어그러져 마음이 무겁기만 하다. 별 수 있나. 몸이 '잠깐 쉬어'라고 하니, 할일을 잠시 미루고, 아픈 몸을 먼저 챙길 수밖에.

아이가 아프면 가장 힘든 것은 엄마다. 엄마란 존재는 자신의 몸이 아파도, 아이에게 맛있는 것을 만들어주고 한 번 더 안아 올린다. 그런데 남편까지 아프면 그야말로 설상가상, 속으로 비명을 지르고 싶다.

엄마를 챙겨주는 사람은 없다. 이렇게 생각하면 슬퍼져서 생각을 바꾸기로 했다. 난 엄마니까 좋은 것 더 많이 챙겨 먹을 거고, 가족에게 평생 사랑받는 존재라고. 사회에선 대체할 수 있는 직업이 참 많지만, 우리 가족의 '엄마'는 나밖에 못하는 거라고.

살다 보면 모든 게 잘 안 되는 날도 있다. 하루를 착착 쌓아가는 느낌으로 사는 나는, 그런 날이 참 힘들다. 하루쯤 미끄러지는 날도 있는 법이지, 그렇게 생각하기로 했다.

좋은 엄마를 넘어
멋진 할머니 되기

일전에 누군가 나에게 꿈을 물으면, 나는 '귀여운 할머니로 늙는 것'이라고 했다. 귀여운 할머니가 되기 위해서는 몇 가지 조건이 따른다. 나이에 구애받지 않고 하고 싶은 일을 할 것, 나만의 라이프 스타일과 예술에 대한 취향을 가질 것, 그리고 품위 유지가 가능할 정도로 미리 벌어놓을 것. 이 귀여운 할머니상은 자신의 몫만 다해도 다른 이들에게도 영감을 주고, 귀감이 되며 용기를 준다.

이 어렵고 맹랑한 꿈은 육아를 하면서 본격적으로 하게 되었다. 첫 자각은 우리 엄마로부터 비롯되었다. 딸의 지난한 출산과 새로운 아기의 등장에 신경 쓰느라 정작 본인이 할머니가 된다는 사실을 깜박하셨다.

"배고프지? 엄마가 맘마 줄까? 아 참, 난 엄마가 아니지. 할머니가 맘마 줄게."

엄마와 할머니의 자리를 헷갈려 하시기를 몇 번. 내가 엄마라는 단어에 익숙해하는 것보다 훨씬 빨리, 우리 엄마는 할머니의 자리에 적응했다. 아직 잘 상상은 안 되지만, 나 또한 할머니가 될 것이고 미리 마음의 준비를 하고 있어야겠다고 생각했다. 그렇다면 어떤 할머니가 될 것인가?

인생은 재밌어.
어릴 땐 시간이 안 가다가
갑자기 쉰 살이 되지.
영화 〈아멜리에〉 중에서

먼저 어떤 어른으로 늙어갈 것인가?

회사의 창업 초기에 입사한 나는 가뜩이나 적은 디자이너 인력 중에 '저런 디자이너가 되어야겠다' 싶은 선배 모델이나 멘토를 찾기 힘들었다. 다른 직군으로 눈을 돌리니 개성 있는 과거와 취향을 가진, 심지어 머리도 좋은 동료들이 수두룩했다. 이들은 '생계를 위해 억지로 회사를 다니는' 사람이나 '하고 싶은 일을 못 찾아서 그냥 이 일을 하는' 타입이 아니었다. 좋은 메신저 서비스를 만들어보고자 하는 일에 대한 강한 열정을 지녔고, 개인의 삶을 사랑하는 방법을 아는 이들이었다. 디자이너 멘토를 찾는 데 시간을 허비하는 것을 관두고 나는 동료들과 업무와 관련한 스터디를 하고 다양한 라이프 스타일에 자극을 받으며 '나만의 삶'을 구축하는 법을 터득해나갔다. 환경은 정말 중요하다. 자신의 주변을 어떤 사람으로 채우는가에 따라 삶의 작은 선택들이 바뀌고 그것은 인생의 항로를 바꾼다.

아이에게 귀감이 되는 할머니의 조건을 정할 수 있었던 것은,

사회생활을 하며 본받을만한 인간 군상을 수없이 만나보고 나서였다. 나이 차이가 10년은 족히 나는 베테랑 동료들과 한바탕 열심히 일하고 끝장나게 노래방에서 놀았을 때, 그리고 이들이 회사 안팎에서 도전과 창업을 일궈나가는 것을 보며 나도 이들 못지않게 멋지게 나이를 먹어야겠다고 생각했다. '자식을 먹여 살리느라 하고 싶지 않은 일을 하며 평생 참았다'라고 얘기하지 않도록, 자식에게 부끄럽지 않은 삶을 꾸려야겠다고 말이다.

나는 어떤 엄마, 할머니로 기억되고 싶은가?

내가 가장 존경하는 고 2때의 담임 선생님께선 학부모 면담에 오신 엄마에게 이렇게 말씀하셨다.

> "이 아이를 이렇게 (바르게) 키우신 부모님이 너무 궁금했습니다. 저도 아이를 키우는 아빠로서 꼭 한 번 만나 뵙고 싶었습니다."

나는 당시에 빈말이겠거니 하며 선생님의 얼굴을 올려다보았는데 정말 진심을 담은 표정이었다. 엄마는 몸 둘 바를 몰라 했고 나는 쑥스러워서 툴툴댔던 게 기억난다.

엄마가 얼마나 참된 교육으로 나를 이끌었는지는, 육아를 하면 할수록 느낄 수 있었다. 엄마는 공부하라는 말 대신 자식 둘을 데리고 매일같이 도서관을 가서 같이 책을 읽었고, 요리 자격증을 따서 실험적인 식자재를 선보이고, 자신만의 생각을 정리할 수 있도록 가만히 기다려주는 길을 택하셨다. 특히 잠자코 지켜보다가, 정말 필요할 때 도와주는 교육방식은 정말 어려운 부분이다. 아이가 못할 것 같으면 바로 도와주고, 이런 거 저런 거 다 가르쳐주고 싶었던 내 강렬한 욕구를, 엄마를 떠올리며 겨우 참았다. 스스로 해낼 때까지 기다리면 밀키는 두 배 더 빠르게 자랐다.

그것을 평생 실천한 엄마의 교육은 자식 둘에게 스스로 공부하는 습관을 길러줬으며, 취향에 열중할 수 있게 해주고, 내면의 신념에 따라 살 수 있게 해주었다. 덕분에 그림과 영상이라는 내가 좋아하는 분야를 찾았고, 20대 시절 내내 도전해볼 수 있었으며, 아이 엄마가 된 지금도 다음 스테이지를 꿈꿀 수 있다. 밀키도 그런 나를 보며 '엄마는 그림 그리는 일을 하고, 새벽에 일어나 공부하고, 도서관에서 책 빌리는' 사람이라고 알고 있다. 나는 나대로 삶을 열심히 살고, 이 아이가 스스로 본인만의 길을 내도록 뒤에서 지켜봐줄 생각이다.

이 책에 담긴 내 인생의 편린이 '누군가의 엄마'가 되기 이전에, 한 인간으로써 자주적이고 행복하게 살고 싶은 사람들에게 위로와 영감을 줄 수 있으면 좋겠다. 나는 할머니가 되어도 내 창작물을 통해 삶에 대한 고민을 함께 나누며, 냉소 대신 긍정의 에너지를 주고받고 싶다. 물론 좋은 엄마가 되기도 모자라, 귀여운 할머니까지 되고 싶은 꿈이 좀 큰지도 모르겠다. 그렇지만 먼 훗날 우리가 진짜 할머니가 되었을 때, 누구도 아닌 자손들에게만이라도 '여전히 귀엽게 사시네요'라는 말을 듣겠다는 욕심은, 부려볼 만한 것이다.